なぜ必要か少年工科学校の教育

監修
柴岡 三千夫
Michio Shibaoka

タイケン出版

なぜ必要か　少年工科学校の教育　目次

第2部　OBからのエール

第3部　教官からの声

なぜ少年工科学校の教育が必要か

第13期生　柴岡 三千夫

少年期は、「心の支柱の形成」をする上で大切な時期であり、親による教育と同等に性格形成に必要な学校の存在が求められる。

これに最適で優れた教育内容を提供している学校が我が国にも存在する。

その学校は開校以来、既に半世紀以上の歴史を有し、そこで培われる精神は現代に脈々と継承されている。

16歳で、神奈川県横須賀市御幸浜に位置する陸上自衛隊少年工科学校（現／高等工科学校）（以下、少年工科学校という）の第13期生として入学、修学期間の4年間を学び、厳しい鍛錬の日々を経験し卒業した。

この中等教育機関（高等学校）としての学び舎の自然環境は、教育内容もさることながら前面に相模湾（海）につながり、背面に富士山（山）が控えるという絶好な地理的景観を構成している。

通常、高等学校は、文部科学省の所轄だが、少年工科学校は防衛省の所轄であり、身分も高等学校生徒ではなく特別職国家公務員である。

陸上自衛隊の教育組織であり、中学校を卒業したばかりの若き生徒が全国津々浦々から選抜されて、入学する全寮制の学校である。

学校形態は、教育基本法、学校教育法でいう高等学校の位置付けに該当せず、教育課程と訓練課程の融合による内容と質的レベルは、全国トップランクの高等学校と言っても過言ではない。更に日本国内には、この種の中等教育機関（高等学校）は、他に類を見ないのも唯一の貴重な存在といえる。

教育内容面から見れば自衛隊の教育訓練科目が独自な教育手段となり人格形成に大きな影響を与え、「逞しい人材」を輩出している。

この学校では、徹底した基礎教育を受け将来のリーダーとしての素養を鍛錬しているのである。

我々の学園グループは、その素養教育を基盤に、平成10年に「逞しい人材」の養成を教育目標とした学び舎、学校法人タイケン学園を創立、公益財団法人、社会福祉法人、保育園、幼児教育、児童教育施設、高等学校、専門学校、大学を全国的に開校している。学び舎では専門職の人材養成を実践し、それぞれの業界へ人材の供給に務めている。

これらの教育事業を推進する原動力となっているのは、少年工科学校での「心の支柱の形成」「基本的な素養の基盤作り」の教義が規範となり生命力の礎となっている。

扨、この学校の内容については、同期生を始め、先輩、後輩諸氏、また教官が詳細な事実に基づいて第2部、3部で記述されている為、ここで特段記述することは割愛する。

いまは国内外を問わず流動的な経済社会、国際情勢に対応できる人材の養成を急がなければならない時代である。だからこそ、かねてからこの特殊な優れた教育組織（システム）で生活する少年工科学校の門戸を広く社会に開く必要があると、10数年来思い続けてきた。

人が社会に飛び出そうとする前段階の時期に、この学校で経験するすべての事項は、現代社会では経験できないことばかりである。当然、半世紀以上の歴史を有しているため、いまの時代にふさわしい姿に改組することも必要だが、その精神的分野における教育メソッドは一貫して普遍である。

戦後の教育施策を顧みると日本人としてのアイデンティティが不足する若者が多い。

様々な要因があるが後半編に記述するとして、今日の日本社会には少年期に鍛錬すべき「逞しい人材」の養成が不可欠であると認識している。その養成には、実社会の急速な変化に対応できる柔軟で伸び代の大きい人材を輩出することである。

少年工科学校の教育は、この課題を解決するにふさわしい教育メソッドを保有している。それは理念となり校風となって現代に引き継がれている。

しかし社会的認知度については、防衛省の教育機関として存在するが故に、なじみが薄い存在である。ではその優れた教育メソッドのベールを脱ぎ、一般社会に初めて出そうではないか。そんな願いから第1期生より直近の同窓生、及び教官から実体験に基づいた寄稿を得て本書として、世に出すこととした。

第1部
その新しい姿に向かって
特別提言編

第１部　「逞しい人材」をつくろう

目次

「逞しい人材」をつくろう

第13期生　柴岡　三千夫

第1章　英国のパブリック・スクールと日本のそれ（少年工科学校は、日本版パブリック・スクールだ）

1，英国の2大学

英国の教育の話題となるとケンブリッジ大学、オックスフォード大学の2大学が代表的な大学として登場する。

この2大学について論ずる前には、高等学校に該当するパブリック・スクールでの教育体験が前提条件となるのであって、2大学の特徴は知識教育のみでなく人格の形成、礼儀作法（礼法）等の修得に重要なウエートが置かれている。まさに「英国の紳士道」の教育そのものである。

2，大学とパブリックスクール

2大学での教育方法も絶対的なパブリック・スクールでの教育を抜きにしては、存在意義が無く語れないのである。英国の教育制度とスタイルに類似する中等教育機関は、我が国にも存在する。防衛省の所轄である少年工科学校であり、英国のパブリック・スクールそのものと言える。

その英国のパブリック・スクールの教育の詳細なシステムや学校教育環境は略する。地理的環境は英国と日本、学ぶ生徒は英国人青少年と日本人青少年と言う相違は当然であるが、学校としての形態や教育メソッドは、ほぼ同一とみてよい。扨、少年工科学校は歴史上、昭和30年に生徒制度が発足してから、いくつかの改正を繰り返しその都度、時代に対応し改変されて60余年の歴史を誇っている。

卒業後、幹部自衛官として昇格する者、また防衛大学校へ進学する者、他の大学を受験する者等のいずれを見ても前提には、日本版パブリック・スクールを経験したことで、その後の人生を生き抜いていく「逞しい人材」となり各分野で皆強烈なリーダーとなっている。

第2章 「心の支柱の形成」は、既に幼児期から始まっている

「心の支柱の形成」は、少年期になってから形成されるものではない。

その前提は、胎児が母親の胎内にいる頃から始まるのである。

したがって母親と胎児は一体と考えてよい。この時期に感じた怒りや、恐怖心、感情の高

揚の心情は胎児に直接伝わるものであり乳児になってからの育児に大きな影響を与える。発達の様相は、一般的な傾向として素質と環境（学習）との相互関係の中で進行する。その関係も、例えば体格や体質等のように先天的なものが強く作用しやすいものと、言語のように後天的な学習に支配されるものがある。

では発達全体を概観すると、いくつかの一般的傾向があり、経験的にも知られている。以下いくつかの発育・発達段階を傾向的（原則）に挙げてみる。

1，乳幼児期（0～2歳）

この時期には、運動の感覚が発達する時であり同時に愛着の発達がある。運動は指や足、腰、手、腕の発達段階を意味し生後15ヶ月程度で歩行が始まる。愛着は母親を中心とした行動範囲内の動きからはじまり、3歳近くになる頃、母親を中心として認知し心の中に築かれていく。

2，幼児期（2～6歳）

大脳の発達は幼児期に最も著しく、体位の伸びは思春期が最大値を示す。また抽象的な思考力は児童期後半になって初めて発達する。身体的な面でも心理的特性についてもそれぞれの事象ごとに特有な異なった発達リズムや伸長期等がみられる。

幼児期に入ると生活習慣のしつけが大切な時期となり、子どもの生活へ大人の干渉が始まる。乳幼児期との大きな違いは、運動能力の飛躍的増大とイメージの世界の広がりである。幼児の遊びの世界は、まさにこの2つの力の多様な組み合わせにより無限に展開されると言ってよいだろう。発達のスピードについても幼児期が他の時期を圧倒する。

その中心を成すものは大脳を中心とする神経組織の発達である。

これを示すスキャモンの発育曲線（Scammon.R.E1930）にも身体諸器官の発達を重さを測度として表している表値でも判断できる。

3，学童期（児童期）（6～12歳）

この時期は、規則正しい生活が一番。安易にスマホやゲーム機を与えることは厳禁である。両親としてはまだ若い層の年齢であり、親同士の喧嘩や争いは子どもの前では見せないことである。「将来何になりたい」等の夢を語り描く時期であり、これは応援しなければならないことでもある。ましてやそのような夢に対する全否定は禁物である。

自由と放任は異なり、「規律」の中に「自由」が存在するというパブリック・スクールの精神が必要となる。また積極的に日本人としてのアイデンティティを高める為に日本の歴史を正確に系統だって語ってあげることが必要となる。

4，思春期（12歳～）

この時期は、中学生、高校生の生徒としての時期が思春期に該当する。

この頃は、精神的に不安定な時期であり生活習慣が不規則になると心の生活習慣病を起こしやすいものである。

したがって6時に起床、7時に朝食、12時に昼食、17時に夕食、22時就寝という規則正しい生活サイクルは、かけがえのない基本的な生活習慣といえる。

これらは、ある意味での必修条件ともいえる。

特に少年工科学校は所定の修学時期における教育環境が、規則正しい生活を経験することは勿論、徹底した管理システム（規律・規則）の中で、自由と規律が両立された絶好の環境といえる。

第3章　中学生・高校生の思春期に青少年の「心の支柱の形成」が固まる

1，自発性を育てる

この思春期には、第2反抗期が起こる時期でもあり幼い子ども時代と違い父親の態度が特に重要な要因を持ち、母親任せの生活態度ではいつまでも自発性のある子どもは育たない。

自発性が不足すると思春期の後半に挫折や各種の問題行動の発生要因となる。

2，自分の力で解決する

この時期の特徴は、「自分をかっこよく見せたい」と考えることが多く、すべては、自分の力で解決しなくてはならない時期でもある。まずは自尊心を育てネガティブ思考は捨て、ポジティブ思考な青少年に育成する為の重要な「心の支柱の形成」に最適な時期といえる。

また規則正しい生活を繰り返すことで習慣となり身につくものであり、その中で自由な発想や思考を養うことが重要となるのであって、その環境を提供するのが日本版パブリック・スクール（少年工科学校）といえる。

第4章　日本の置かれている位置からの改革
いまなぜ日本は、変わらなければならないのか

日本という国に育つ者は、耐えずこの国を中外から観察する必要がある。

1，環境問題

国際的に見れば既に常態化とも思える地球温暖化問題、これに起因する異常気象現象、

大規模な自然災害の多発生問題等がある。「SDGsのアジェンダ」環境問題は1国のみで対策対応策を練るレベルではない。全地球規模の問題として各国が一丸となり国連を中心に協議し、各国でその具現策を実行すべき事項ではある。開発アジェンダの節目の年、2015年9月25日~27日、ニューヨーク国連本部において「国連持続可能な開発サミット」が開催され150を超える加盟国首脳の参加のもと、その成果文書として「我々の世界を変革する：持続可能な開発のための2030アジェンダ」が採決された。アジェンダは、人間、地球、及び繁栄のための行動計画として目標を掲げている。

この目標はミレニアム開発目標(MDGs)の後継であり、17の目標と169のターゲットからなっている。2020年から2030年の10年間での取り組みはスピードアップを図らなければならない状況だ。

この持続可能な開発目標(SDGs)の存在は大きい。

2,アジアの人口問題と中韓

ついこの前まで中国人口数13億といわれ最大値を示していたが、その流れは既にインドに移行し2020年には人口数13億に達っする。

2025年頃には、その数は中国を抜き、アジアでの経済大国はインドへ移行する時代となるであろう。近年、世界の製造工場といわれ、悪評の高かった中国から撤退する企業が特に多く続出している現象にもその流れが表れている。昭和、平成の時代、日本企業は中国・韓国への進出を続けた。しかし中韓の政治・経済体制をみても当時の経済の好調な陰に隠れた両国のしたたかな本質を見抜けないでいた。近年この負とも言うべき部分が表面化しているがその最大問題は人権問題がある。香港民主化運動、最近では中国武漢市で発生したといわれる新型コロナウイルスの感染問題（人災）、法輪功追放事件、チベット人差別問題、ウイグル人弾圧等数限りない。韓国も同様でありその兆候は十分ある。過去の歴史上この2国には日本の政府、企業は無償の援助を多分に施してきた事実がある。しかし中韓は、そうした日本の援助に「反日運動」で応えてきた。隣国といえども決して友好国とはいえず慎重に対応するべきしたたかな国といえる。

中韓を脱出した日本企業は、主に2次的国ベトナムへ、更にその周辺国のタイ、ミャンマー、カンボジア、バングラデッシュ、パキスタン、スリランカそして3次的国インドへと移行し、最終的には4次的国アフリカ諸国へと流れるであろう。

3，日本への外国人労働者人口、移民、留学生問題

外国人労働者人口問題は、前出に記述した事柄と同様な様相を呈している。

アジアを対象にするならば変わらぬ親日国を中心に政治・経済・文化も展開するべきであり台湾、ベトナム、フィリピン、インドネシア、モンゴル、タイ、カンボジア、インド等へ

とその供給源は移行するため、これらの諸国と積極的に交わるべきである。中国を中心とした留学生受入れ問題も前出の現象と同様に募集対象国となるのは中韓を抜きにした親日国へシフトしている。

今世紀中頃には、100億を超える世界人口となることが予測されているが併せて食糧、水の不足は益々深刻化を増すであろう。

4，国際情勢問題

中東を中心に頻発するテロ事件は、解決の糸口がない。

イギリスのECの離脱、アメリカのTPP，地球温暖対策に関するパリ協定からの脱退の表明は、国際社会からの離脱であり国内優先主義への転換でもある。そうした情勢を素早く読み取り、日本は現状を打破し変わらなければ世界の潮流に乗れない2等国、3等国となる可能性は大きい。また直近では中国武漢市が発生源である新型コロナウイルスによる全世界への感染問題は、国際情勢の様相をみるにつけ過去に前例のない悪影響を及ぼすこととなり、経済面を先頭に低下現象が急速に起こっている。

第5章　幕末から明治に生きた偉人たちから学べ

1，高知県（土佐）幡多地方という地域から

高知県（土佐）の歴史的人物は多い。板垣退助、岩崎弥太郎、坂本龍馬、中濱萬次郎（ジョン万次郎）、吉田茂、小野梓、紀貫之、後藤象二郎、田中光顕、竹内綱、谷千城、濱口雄幸、林有造、山内一豊、山下奉文等、数限りなく存在する。

ここでは、宿毛市（「すくも」という。高知県の西の端に位置する）の出身者であることから特段この地の偉人たちを挙げている。この地区は土佐の国、幡多地方といわれ宿毛地区もその一部に含まれている。

扨、京都と土佐の国の関わりは、聖武天皇の神亀元年（724年）3月から始まっている。京都の都人で幡多地方に入り、宿毛に関係がある最初の人物は、土御門上皇、尊良親王等である。承久の変で後鳥羽上皇の子、土御門上皇は、土佐の国、幡多地方へ入っている。宿毛市平田の真蔵院や宿毛市中角の天王（八坂神社）には、上皇が寄進された「八坂神社伝」にも記録として残っている。その後の「成中の変」「元弘の変」の動乱期に後醍醐天皇の第1皇子、尊良親王が幡多地方へ入りその後、宿毛を経て九州より元弘3年の夏、京に帰還している。

その時代の証として宿毛市の奥藤、下藤には天王山、百人塚、七人塚等親王に纏わる痕跡が多い。また鎌倉時代以前の平安時代の関わりを示す京法、還住藪等、源平争乱の寿永2年

頃（1183年）からの史跡が多く残っている。

元々家系が神道・神官系統であり令和の時代で19代目となる歴史ある由、その系統や家系図表が示す守り神としての神社が西に早、鳥の文字を表示した「鷣（はいたか）神社」として祭祀・催事を行っている。その神社の氏子代表は柴岡本家が継承している。

とかくそうした家柄では、将来大人としてのあるべき姿を定めていて長男は家督相続、次男は軍人（自衛官）、三男は医者となるものと決められていたようだ。私以外は、18代目家長の指示を忠切に守っている。

2，宿毛の人物たちと明治

ここで郷里宿毛市の人物紹介になるが、明治初期から多くの偉人を輩出した地域でもある。この宿毛からは明治維新の動乱期以降、その先見性と行動力を駆使して多数の人材が政治・産業・文化分野に躍進した。竹内綱（政治家・実業家、吉田茂の実父）、小野梓（早稲田大学の創設者・政治家）、林有造（政治家）、林譲治（副総理、政治家）、吉田茂（元総理大臣、父竹内綱の5男）、竹内明太郎（コマツ製作所、ダットサン社の創業者、父竹内綱の長男、吉田茂の兄）等多数存在し、高知県（土佐）内でもその数は特に多い地域である。

この古き良き伝統に培われた偉人たちは、いま宿毛市歴史館に収蔵され保存されている。

単に偉人が多いということではなく偉大な人物の評伝を語るとき、その血と環境について触れることはごく普通の手法であるが、この宿毛という地域は、高知県（土佐）の中でも早くから開けた地域といわれている。生まれもってもつ人間のDNAや資質が「いごっそう」として育つ風土でもあるのだろう。この優れた偉人たちの生き様を継承する学び舎の文化を現世に有形文化として再度創造しなければならない。

宿毛市（すくもし）は、高知県の南西部に位置し愛媛県と境を接する市。
面積：286・20㎢、総人口：19，472人（推計人口2020年1月1日）
市長：中平富宏、住所：宿毛市役所 高知県宿毛市桜町2番1号
TEL：0880（63）1111、URL：http://www.city.sukumo.kochi.jp/

3，「坂の上の雲」から学ぶこと

「坂の上の雲」司馬遼太郎が残した愛媛県松山市を舞台に活躍した人物の歴史書として名高い良書である。この書の中にも歴史的経緯と要所に登場する偉人たちがどう戦い、どう立ち回ったかが赤裸々に記述されている。「坂の上の雲」は隣町愛媛県の松山市が発祥の地となり日露戦争で活躍した秋山好古と真之の兄弟、近代俳句の先導者である正岡子規の3名の勇士が中心になり日本が最も元気な時代でもある。日清・日露戦争を経て、列強諸国に仲間入りをした明治時代の日本の姿を表した長編歴史小説である。我が国が幕末から開国に向け

大きく舵を切った時代であり、国難ともいえる内乱や動乱から隣国清国（中国）、帝政ロシアとの大きな戦いに勝利していく日本人の逞しさが描かれている。こうした明治期の先人たちの生涯の姿を熟知し、その思考と生き方を近代史から学ぶことである。

第６章　新しい学び舎の姿に向かって（精神的強固な青少年をつくれ）

１，戦後の教育

戦後の教育は、ＧＨＱ（占領軍）による日本軍国主義の解体と日本民主化による再建により始まった。昭和20年（１９４５年）９月22日、アメリカは、「初期対日占領政策の方針」を発表した。これは日本の武装解除、非軍国主義化、民主主義の確立を目指すため、日本政府を通じての間接統治の形態である。これと平行するがごとき日本人の精神的構造を弱体化する教育改革が始まった。歴史の上の事情現象の変更、労働組織問題から来る日教組の登場、国家神道の廃止論と民主化案の指令を受けた施策である。

昭和21年１月アメリカからの調査団の一行は、日本人の持つ精神力の強さ、規則正しい生活、文化伝統の継承・伝承思考は、神国日本として強固な人種構成により形成された国家として印象づけられた。

その後の数々の施策は、日本人本来が持つ優れた国民性の育成とは、一八〇度異なるものであった。

戦後、日本人の精神的強固な要素が弱体化したと言われて久しい。なぜなのか？

その最大の教育施策は、国家神道の廃止論ではないか。

2, 新しい学び舎

その現象は、ともかくいまの時代に対応する柔軟な思考力で強固な意志力を有する人材の養成が求められている時代が到来している。

こうした諸般の経緯を踏まえた今日の日本に必要な新しい学び舎とは何か。

前出にも記述した幼児期から始まる「心の支柱の形成」は青少年期にその体型がほぼ固まるため、教育の臨界期はむしろこの青少年期である。

この時期、中学~高校時代に精神的強固な少年を養成する必要がある為、所定の教科以外に体育・スポーツを手段とした「心の支柱の形成」を成さなければならない。

それには、

1, 日本人としてのアイデンティティをもつ

2, 質実剛健な人格の養成

3, 自我自立精神の確立

を主な柱にする中等教育機関が必要である。いま日本人に最も欠落している事項でもある。

その点、少年工科学校での教育は、生徒指導要綱のもとに1学年から3学年まで集団生活を送り、その生活はまさに分刻みの行動をとらなければならない。

思春期にそのような集団生活を繰り返し体験することは、厳正な校則の管理下で養成される為、強固な精神力が必然的に身についてしまうのである。

第7章　日本の新しいエリートとは（教養を幅広く身につける）

1，体育・スポーツを手段とした教育

タイケン学園が実践する学び舎における体育・スポーツとは、単なる体育・スポーツ活動ではなく、運動という身体の活動を通じて人格形成のための導入手段としての方法である。

競技としてのスポーツを長く継続することも重要だが、それはある程度の成長期に集中するべきであり社会人となるにつれ視野を広め、見聞を広めていく努力が更に必要である。

スポーツに精通することも大切なことであるが単純な身体の運動継続のみであると脳を発達させることができない。

2，巾広い「知」の教育の必要性

日本人とアメリカ人の思考の違いや知的幅の違いについて実体験の歴史的事実から記述するが、1970年代の後半頃、アメリカニューヨーク市のニューヨーク州立大学で「ウェルネスムーブメント」の提唱型シンポジュウムに参加する機会があった。大学校内の施設で提唱する大学教授らの「知」としての層の厚さと深さは、日本の大学教授とのそれとは比較にならない程の温度差のあることを痛感した。

また1990年から約7年かけて、アメリカカリフォルニア州（CA州）のパブリック、プライベート大学を中心に全米の約45大学を訪問し学術と文化交流、連携契約締結を重ねた。

ここで教える教授陣たちの資質、知識が随分高いのには心を動かされた。

日本が今後各国に勝ち抜いていく為には、教養としての「知」の部分を体力・気力・技術力の取得と同様に体得する必要があると確信したのである。

教養レベルの「知」とは、人文科学、自然科学、社会科学をカバーしたキャパスティの広い知識である。教授陣、学生らを問わずこの部分を広げなければ到底、アメリカのエリート諸君には日本の諸君は勝てない。

当然、日本のエリート養成は、自衛隊という組織で言えば素養の基礎を身につけるべき時期を中等教育として高等工科学校で鍛錬習得し、高等教育としての知の部分を防衛大学校で学べば最強のエリート層のリーダーたちが誕生する。その為には、日本版パブリック・スクールを前提にした修学が必要となる。基礎的な教養の幅を幅広く身に着ける時期が大切であり、陸上自衛隊では高等工科学校であると認識している。この底辺での素養を蓄積する教育は、その後、各分野の大学へ進む場合でも必要となる。

第８章　新しき最強のリーダーをつくる

１，少年工科学校の進路とリーダー

日本は年功序列で長い間やってきた。
優秀な高校から大学へ進むと良い会社や団体に入社でき、出世ができるというジンクスは、既に崩れている。

扨、少年工科学校の日本版パブリック・スクールで磨く体力・気力・知識や技能を取得する若者の卒業後の進路は、次の通りとなるのではないか？

１，自衛官として幹部候補生試験を受け上級幹部へ昇級する者
２，防衛大学校へ進む者
３，他の大学に進む者

いずれにしろ自分の力量でやっていかなければならない。前出の３通りの選択肢において

も必ず結果責任がついて回り、それに見合った階級、地位、報酬を得ることになる。
そうした環境に耐え、潜って来る者が真の「新しき最強のエリート」となる。

2，社会でのリーダーの条件

では社会におけるリーダーの最初の条件とは何か？

1，自分でリーダーになろうとする自覚を持て
2，リーダーとしてのマインドを磨け
3，ポジティブな思考性を絶えず持て
4，嘘をつくな、言い訳をするな、同僚や仲間の足を引っ張るな
5，有言実行、言行不一致をするな
6，率先垂範して行動しろ
7，結果のみを見るな、成果がもっと重要
8，明確なビジョンを示せ
9，成功と失敗を分けて把握すること
10，成功は、要因を分析し、標準化しろ、そして実行
11，失敗は、原因を究明し、対策を立てろ、そして実行

この条件は新しき最強のリーダーとなる前哨戦でもある。

新しきエリートの養成は、前出の第7章にて記述したがリーダーの条件で見逃してはならない事項は「企画＝計画案」を「実行」することで形になり数値に結びつくものである。とかく人は言論だけで説く人、言葉のみで描く人、言うのみで実践がない人が多いことに気がつくことが多い。人間の真価は、孔子の言語録にもある「実行」して初めて価値がある。新しきリーダーは、自衛隊組織においても実社会においても積極的に「実践＝行動」することが唯一の最強のリーダーを創造する要素である。

第9章　総括

1，未発達の時代から（明治時代から成熟国家への発展）

「日本が最も輝き勢いのあった時代はいつか？」と聞かれると明治時代となる。

明治維新の時代は、日本と言う国は国民が同じクルーとなり同一方向に向かう船に乗り、共有意識を持った国であった。幕末から明治への動乱期を乗り越え、隣国諸国（ロシア、中国）との戦い、昭和の時代の大戦を経験し短期の期間で2度の難局を経験した国は少ない。

現代と比較してみると国としての発展は未発展の時代であった。

この100余年後の日本の発展は、先人の努力や功績により世界に類を見ないほどの経済・文化・テクノロジー・産業・工業・教育等どれをとっても国際的に大きな社会発展を成した経済・文化大国となっている。

まさしく今日の日本は、先人たちが積み上げて来た歴史の上に成り立つ成熟した国家といえる。

2，大きな転換期（国難を乗り越えて）

しかしこの成熟した社会発展期に伴い、いま日本は大きな国難というべき転換期を迎えている。

(1)日本国内で起こる国難

少子化・高齢化の波は、年々その深刻化を増大し早くも出生率が毎年低下している。経済の低下、国の負債幅も増大の一途をたどっている。また社会では頻繁に奇怪な事件の勃発、原因不明な疾病患者の発生、国の力が総合的に低下しているかのようだ。そうした負の部分に追い打ちをかける如く、阪神・淡路大震災（１９９５年）、３・11の東日本大震災（２０１１年）、熊本地震（２０１６年）、北海道胆振東部地震（２０１８年）、と国難ともいうべき国家的惨事が続き、近未来においては南海トラフ地震、関東大震災を上回る大型地震による自然災害の発生、富士山の爆発が予測されている。

(2)海外で起因する問題と日本への影響

アジア地域では直近の中国湖北省武漢市から発生した新型コロナウイルスの世界各国

への感染問題は、中国以外で最初の二次的被害国となったのは我が国である。中国政府（中共）は、半ば強制的に武漢市内の海鮮市場で売買されている動物が感染源として公式発表したが、近隣の中国科学院武漢ウイルス研究所（生物科学研究所）から流出した可能性は極めて高い。管理基準や衛生管理のモラルが極めて低く、不十分な中国の国情によるものか、中共の意図的な戦略のいずれかである。

新型コロナウイルスによるパンデミック（世界的な大流行）は犠牲者の多さ（今後一年間で数百万人の死者が出る可能性有り）、経済面でのショック（大部分の国の経済力は大幅に下降している）の両面で、第二次世界大戦以後最大の国家の危機に直面している。世界経済は1920〜30年代の大恐慌以来、最悪の同時不況に直面し、国際通貨基金（ＩＭＦ）が見通した世界全体の経済成長率は前年比3.0％減、1980年以後のマイナス成長だったリーマン・ショック後の2008年（0.1％）を大幅に上回る悪化傾向と公表している。

過去の景気後退とは性質が著しく異なる、未だ日本国に限らず世界的にみても、今後どの程度の被害が発生するか予想がつかない緊急的国難というべき大事態であるが今後の被害予測如何では、中共に的をしぼった国際問題として貿易上の制限、政治的圧力、賠償請求問題へ発展する可能性があり予断を許さない。日本を始め世界が経験したことのない経済を中心にあらゆる活動の停滞が波及している。

国内ではまさに明治初期の動乱時代に逆戻りの様相を呈している。

明治の時代は、列強諸国の餌食になり植民地化されるか独自国家として存続するかの時代。日本以外の多くのアジア諸国は、大部分が植民地化され日本のみが残存したのも事実である。そうしたアジアの植民地化された国々を救済し欧米列強人らを撤退させたのも日本という国である。そういう意味では、日本は、敗戦国ではない。今日親日友好国となりアジアからは感謝されている国々が多いのもそのためである。

この日本という国は、明治時代は長きにわたる徳川幕府を倒し、幾多の戦争を繰り返して列強諸国に仲間入りした。63年にわたった昭和の時代は、前半は東洋の覇権を目指し、戦争に明け暮れる時代であった。後半は戦後の復興続きで世界の経済大国につなげる道筋であった。

31年間の平成の時代は停滞の時代とも言われるが。

扨、令和の時代は自然災害と新型コロナウイルスによる感染問題（人災）を除き世界観を持ち、新しい価値観、ムーブメントを生み出す大きな転換期ではないか。

3，この転換期とは

(1)日本の岐路

いまの時代、確かに経済大国としての日本の針路は、この姿で後退していくのか。

また新たな価値観を創造して発展するか否かの岐路に直面しているといえる。

では新たな価値観とは何か？

この国のかじ取りの針路決定は、新たなる「価値観＝サービス革命」の創造である。イギリスの「産業革命」以後の「経済革命」は、当時のイギリスで起こり世界に瞬く間に広まった流れである。その流れはその後、「アメリカの技術革命」「経営理論」「コンピュータ革命」となり世界を制覇した。

(2)「サービス精神」のムーブメント

次の時代は日本が世界に発信できるのは、他国にはない伝統文化を継承し、奥の深さを持つ国家の品格があると言われている「道義国家日本」からである。

そこで培われてきた「サービス精神」「おもてなしの精神」「日本人の品格」を規範としてそれらを組織化（システム化）することで極めて細部にわたる注意事項、目配り、気配りができ、自ら考え行動できる人材を輩出することである。

まさに日本人の得意の分野ではないか。幸いにもこの分野の「サービス革命」「おもてなし革命」は、人間と人間をリレーションする手法であり、資源の少ない日本にとっては海外からの貿易輸入額は少なく世界的にはまだ浸透されていないのがよい機会である。

時代の潮流は「産業革命」の英国から、「IT技術革命」の米国へ移行し世界的な流れとなっているが、次はアジアの中心的役割を果たしている日本が発する「サービス革命」「おもてなし革命」へ移行する時代が到来している。正に新しいムーブメントの創生である。

4，人材の養成が最大課題

幼児期から少年期の「逞しさつくり」を「実践する学び舎」で体験し学習することで新しい日本の原動力となる人材が育つものである。

大学4年生の時から少林寺拳法の修行と共に幼児期の運動教育に取り組み、全国的な普及活動を図り、その後平成10年、東京都練馬区にて「逞しさつくり」の学び舎として学校法人タイケン学園を設立し、『職業教育』として日本ウェルネススポーツ専門学校を開校した。以後、各専門的知識・技能養成（海洋、スポーツ、保育、動物、医療、IT、観光、貿易、言語、ホテル）の職業学校として専門学校を各地に開校してきた。

平成17年、『幼児教育』としてキンダーガーデンのウェルネス保育園が開園され、平成23年、社会福祉法人タイケン福祉会として本格的に全国各地へ開園して来た。

平成18年、『中等教育』として高等学校を愛媛県今治市にてスポーツ特化型「日本ウェルネス高等学校」、2校目は、平成30年、長野県筑北村に開校した「日本ウェルネス長野高等学校」、3校目は、令和2年4月、宮城県東松島市に東北大震災復興事業として「日本ウェルネス宮城高等学校」を開校した。

平成24年、『高等教育』として、「日本ウェルネススポーツ大学」を開学した。

平成25年、「社会人教育」として公益財団法人日本幼少年体育協会を改組した。

いずれも日本版パブリック・スクールとして、「体育・スポーツ」を手段とした、青少年の「心の支柱を形成」し、育んでいく「逞しい人材の養成」を教育目的とした学び舎と、機関、施設を各地に開校する。

日本の各階層に「自分で考え自分で行動する」新しい「逞しい人材」が、価値観を共有する教育機関で輩出できればこの人材が溢れる頃、アジアから日本が世界をリードする国家に発展する。まさしく国家の形成は、人材の養成が最も重要な最大要素であるのでこれを実践し我が国の有意な人材を輩出しなければならないと自覚している。

5，高等工科学校のあるべき姿

(1)教育基本法と学校教育法から
昭和22年3月に制定された教育基本法では
①われらは、先に、日本国憲法を確定し、民主的で文化的国家を建設して、世界の平和と人類の福祉の貢献しようとする決意を示した。この理想の現実は、根本において教育の力にまつべきものである。
②われらは、個人の尊厳を重んじ、真理と平和を希求する人間の育成を期すると共に、

普遍的にしてしかも個性豊かな文化の創造をめざす教育を普及徹底しなければならない。

③ここに、日本国憲法の精神に則り、教育の目的を明示して、新しい日本の教育の基本を確立するため、この法律を制定する。(原文より)

と規定されている。

また学校教育法の制定は、昭和22年3月31日に公布され、同年4月1日から施行された法律であり教育基本法と共に我が国の学校制度の基本を定めている。

高等学校の目的は、中学校における教育の基礎の上に、心身の発達に応じて、高等普通教育、及び専門教育を施すことを目的としている。高等学校には全日制の課程のほか定時制、通信制の課程を置くことができる。

現在、高等工科学校は、上記の通信制課程を設置する神奈川県立横浜修悠館高等学校との併修により学習していることになっているが、法的位置づけは通信制課程の「学習センター」「面接指導施設」の扱いとなる。

このような教育環境から改革する方法は、全日制高等学校として改組する方法がある。認可申請の条件である設置基準に照らしても十分以上の資格を有する。

この場合、神奈川県へ公立高等学校として高等学校設置認可申請手続きを行う必要がわあり諸条件は揃っている。

また校長、教頭、教諭、及び事務職員、校舎、校地の施設面、教務面等を総合的に判断しても、高等工科学校は所轄の神奈川県知事が認可する単独の高等学校として認可基準以上の学校となっている。

この方法においても校名は、仮称／「防衛高等学校」として高等学校を設置すればよい。また、これを運営する公立、独立法人として認可を得る必要がある。

いずれにせよ公立高等学校の立場で、現行の学校教育法に基づく高等学校の設置基準に準じて新規高等学校として、学校所在地の神奈川県へ申請となる。

以上は申請手続の手順であるが、実施に移行となると陸上自衛隊陸幕人事担当部署内に設置準備室を設置し、現職自衛官はもとより、専門的知識を有する者を含む開校準備室を備え充分諸準備を重ねる必要が有ることは云うまでもない。

(2) 教育内容の改革・刷新

教育訓練科目は現状に加え、IT、AI時代に対応する科目、米軍の宇宙軍、隣国からのネット攻撃に対処できるサイバー戦に対応する技術科目等に関連する科目の増設・新設はこの学校の得意とする分野であり、実施すべき課題と言える。アメリカの国防省は、宇宙軍としてすでに結成されているが航空自衛隊が航空宇宙自衛隊構想を掲げるようにこの分野での技術改革は、待ったなしの状況である。同時に一般基礎教養となる科目の質的レベルを上げること。県立高等学校通信制課程の枠組みに甘んじていては「知」としての分野の高い知識・知能が到底得られない。

この学校を卒業し、防衛大学校や他の一流大学へ進学しても一般的基礎知識が劣ってはエリートにはなれない。

(3)防衛大学校と高等学校の高大一貫校とすること

本来高等工科学校は学校教育法でいうところの高等学校であるべきであり、開校当初の古き時代はいざ知らず、いまもって県立の高等学校通信教育課程を併修し、卒業証書の授与を受けるという学校運営形態には、大きな疑問が生ずるところである。

防衛大学校を高等教育機関として「大学」に位置づけているのであれば、高等工科学校を中等教育機関の「高等学校」と位置づけ、防衛大学校と高等工科学校との連携型、高大一貫教育の組織（システム）に改組すべきである。

まさに英国の代表的な高等教育機関（大学）をオックスフォード大学、ケンブリッジ大学として捉え、その前提である中等教育機関（高等学校）をパブリック・スクールとして例えるならば自衛隊の高等教育機関は、防衛大学校。その前提の中等教育機関は、仮称／「防衛高等学校」となるべきである。この制度を整備することが青少年に最も必要な「夢」を持たせると共に、将来のエリート幹部自衛官になる意欲と希望が湧くのではないか。

扨、高大一貫の教育構想はもとより、防衛大学校の卒業生の資質をみると、全国の高等学校の生徒で優れた知識優先者が選抜されて入学し、４年間の自衛隊式・防衛大学校式のメソッドで教育を受けるものであるが、最近では幹部自衛官となるものの若干「逞しさ」「柔軟な志向力」に欠ける気質の人材も多く、社会的適応性に欠ける者も少なくない。その原因の主とするところは、中等教育機関（高等学校）での下積み訓練（身体と心の教育訓練）を受けないまま防衛大学校へ入学し幹部自衛官となるギャップであると考えられる。

高校時代に心身の両面にて「逞しさ」を身につける必要がある、しかし一般的な高等学校からの進学方法ではその多くは望めない。代わりに高等工科学校経由の幹部自衛官養成（陸、海、空）ルートへと改組すると随分と逞しい本来の国家に役立つ幹部自衛官が誕生するのではないか。すなわち高等工科学校を「防衛高等学校」とする構想が生まれてくる訳であり当然高等工科学校（陸、海、空の専攻コースが必要）の卒業生は、全員が防衛大学校に進学するシステムである。防衛大学の入試形態は、仮称／「防衛高等学校」から進学する内部進学コースと一般高等学校から進学する一般進学コースの二つの入学区分が必要となる。

学校教育法に基づく、より明確な法的体制の組織形態になるではないか。

更に防衛大学校、高等工科学校の質的レベル、価値観、変わらない人気度がより一層高まるものと確信する。

近年、人口減少による自衛官募集は決して楽観できる状況ではない。右記のスタイルに改変すると、有益な幹部自衛官を保持するための決定的な手法となるのではないか。

(4)学校教育法の高等学校への改組

類似組織であるが高等教育機関としての防衛大学校は、中等教育機関としての高等工科学校と同一な立場の教育機関であるが、かつては通称「大学」としていても学校教育法に基づく大学として認可されていない教育機関である為、防衛大学校を卒業してもその証であるべき「学位記」=「学士」が発行されない時代もあった。法的に解釈すると「大卒」でなく「高卒」の資格となっていたのである。

現在は学位授与機構からの認定を受け大学を卒業したものとみなし「学位記」=「学士」が発行されている。しかし高等工科学校は、15~16歳から入学する生徒たちに単なる神奈川県立横浜修悠館高等学校「通信制課程」の卒業資格を付与するという極めて安易な処理方法でありこれに永年満足してはならない。現在の姿は、学校教育法で解釈すれば単なる県立通信制高等学校の「学習センター」、又は「面接指導施設」という位置づけになるのである。

反面では、「通信制高校と併修して神奈川県立横浜修悠館高等学校卒業資格を取得できる」という現状満足型の意見もあるが、これは学校教育法を熟知していない方々のものであり、例えるならば、戦後日本の骨格を決める〝主権在民〟新憲法を制定し、全面講和を主張する東大出身の学者らを〝曲学阿世の徒〟と斬りすてて、自由陣営との多数講和で自主独立を獲得した元首相、吉田茂が言ったことと同様ではないか。そのスタイルは大きな疑問が残るところである。

また現状では卒業後の学歴記入の際は、その神奈川県立横浜修悠館高等学校の名前を記すこととなり「高等工科学校」卒業とは記載することができない。まさに自分と云うものがない仮の姿ではないか。

既に半世紀以上経過している教育機関であるからして堂々と「高等工科学校」と明記するべきである。存在を法的に明記できない体制では学校としての存在意義もない。ちなみに学校とは幼稚園、小学校、中学校、高等学校、高等専門学校、短期大学、大学をもって学歴教育となるのであり、「幼児教育」「初等教育」「中等教育」「高等教育」の区分となっている。専門学校は「職業教育」であってこれら学校教育法の一条項に該当する学校ではない。

高い資質と知能を保有する中学生を全国から集め、全寮制の学び舎で教育訓練と同時に修学する独自のスタイルであっても、少年らの将来性を客観的に考えると学校教育法第一条に基づく正規な高等学校としての法的位置付けを明確にするべきである。

そのことで高等工科学校が永久不変の価値ある中等教育学校として更なる発展が保証されるのである。

(5)国際交流への対応

ボーダレスの時代少年らには、視野を広げる機会を与えるべきである。それには、伝統あるヨーロッパ諸国のハイスクールと「交流に関する協定」を締結し単位の互換、短期の学術、芸術、スポーツ、研究分野の業績交流等を行うべきである。「自衛隊という組織である故、できない」と云う意見もあるがそれでは15~16歳の少年の視野を制約する極めて閉鎖的な考え方ではないか?国際交流が自由に行われる為にも学校教育法の定める高等学校に改組するべきである。

(6)高等学校卒業資格の付与

高等工科学校が法的に整備されれば堂々と高校スポーツ分野においても高校体育連盟(高体連)、高校野球連盟(高野連)、文化活動等の団体にも高等学校として正規加盟できると同時に学歴として記述することが可能となる。また公立高等学校となると学校自体で単位の認定、卒業資格の付与、更に、通学定期の発行もすべて他の公立、私立高等学校と同様に学校独自で可能となる。また独自性と、主体性を持った高等学校となるのである。

当然その後の人生設計において学歴上も「高等学校」と称し記することができ堂々と自信と勇気をもたらすものであることは言うまでもない。

本問題は、この学校関係者のみならず、陸上自衛隊全体にとってかつてない大きな問題であり改善・改正すべき骨幹的な事項ではないか。

生徒制度の誕生から60余年経過しているにも関わらずこの大問題に共感する者は多いものの未だ改革できていない現実には、無念さが残る。近未来に政治的、専門的な教育的手法をもって大局からの判断に基づき決着を図らなければならない。

結びに

同窓生には、大変貴重な寄稿をいただき心より感謝を申し上げます。

本書の刊行については、第13期同期生の河野隆美、佐藤修一、金田　隆氏のご縁で「少年工科学校物語　武山・やすらぎの池の絆」津軽書房を出版された大先輩である第7期生、桂儀一光氏　作家（本名／会澤八千穂氏、宮城県利府町在住）にご相談をしたところ出版に関する貴重なる助言やアドバイスを受けた。

編集委員として、ベテランの学校法人タイケン学園、法人本部の広報企画室、赤尾育愛氏、高橋暁洋氏、株式会社ハセガワの長谷川哲也氏が文章校正、装丁、印刷作業、総合的編集作業を担当した。

編集委員長の第15期生、山形克己氏が積極的に資料集め、原稿募集、防衛省、各自衛隊部隊、母校、教官との調整と大活躍をしてくれた。

本誌を借りて厚く御礼と感謝を申し上げる次第です。

＜参考文献＞

『自由と規律』　池田　潔　岩波新書
『自尊心を育て「前向きな」子に』　甲田　繁則　文芸社
『幼児体育指導教範』　柴岡三千夫　タイケン出版
『保育の創造』　岡本　卓夫　タイケン出版
『パブリック・スクールからイギリスが見える』　秋島百合子　朝日新聞社
『日本の未来の大問題』　丹羽宇一郎　ＰＨＰ
『リーダーの教養書』　出口治明他　幻冬舎
『リーダーの教科書』　川村　真二　日本経済新聞出版社
『人間　吉田茂』　塩澤　実信　光人社
『命もいらず名もいらず西郷隆盛』　北　康利　ワック
『すくも』観光ガイドブック　宿　毛　市　宿毛市商工観光課
『長宗我部元親のすべて』　山本　大　新人物往来社
『情報報告レポート』　佐伯年詩雄　月例研究会
『吉田茂の見た夢 独立心なくして国家なし』　北　康利　扶桑社
『日本だけが「悪の中華思想」を撥ね退けた』　ヘンリー・S・ストークス　悟空出版
『土佐人物ものがたり』　窪田善太郎　高知新聞社
『韓国、香港大脱出』　大原　浩　産業経済新聞

第2部

OBからのエール

教育編
伝統編
立志編
卒後編
展望編
歴代校長編

第２部 目次

伝統編

立志編

卒後編

展望編

歴代校長編

少年工科学校とは

少年工科学校とは、昭和30年（1955年）に発足した自衛隊生徒制度において、その前期教育を学ぶ陸上自衛隊の教育機関として昭和38年に創設された学校である。

自衛隊生徒制度とは、当時米軍から供与された装備品や将来近代化される陸海空自衛隊の装備品を扱うには、若年から専門的な教育を施す必要性があるとの要請のもと、中学卒業生を対象として4年間の教育を施した後に、将来の技術部門を担当する中堅陸曹（下士官）となる自衛官を養成する通称「少年自衛官制度」である。第1期生は、陸自は久里浜（通信職種）、土浦（武器職種）、勝田（施設職種）の各地、海自は江田島、空自は熊谷において開始された。当時は、全国各地の中学校から首席を競う優秀な生徒が集まった。

陸上自衛隊は、昭和34年から横須賀市武山駐屯地に三校の生徒が集中し、三職種合同の生徒教育隊が創設された。その生徒教育隊が少年工科学校と名前を変えたのは、昭和38年であり、以降平成22年までの48年間その名を歴史に留めた。

生徒制度は、各年代で教育体系が微妙に違い、教育期間4年間のうち、15歳（一部は16歳）から約2年〜3年間を前期教育として、工業高校と同様な一般基礎学と自衛官として必要な専門基礎学、及び防衛基礎学を学ぶ。一般基礎学は、防衛省に所属する文官教官（高校教諭免状保有者）から直接学び、少年工科学校入校と同時に神奈川県立湘南高等学校通信制（平成20年からは神奈川県立横浜修悠館高校）を併修し、高校の卒業証書は、本校から授与される。その後、各職種学校での技術専門教育、部隊での実習などを経て、弱冠19〜20歳で、自衛隊で最も早い3等陸曹に昇任するという経過をたどる。

平成の半ばに、防衛省自衛隊も聖域なき行政改革の波を受け、定員削減の一環として生徒制度の存続の可否が問われた。その結果、海空自衛隊は、平成19年度に生徒制度の廃止を余儀なくされた。その中で陸上自衛隊は、生徒制度の存続を組織の要求として掲げ生徒制度の抜本的変革に取り組んだ結果、平成22年3月、生徒は、「自衛官」としての身分から防衛大学校学生と同じ「学生」の身分に変わり、学校の名称も「陸上自衛隊高等工科学校」と改称され今日に至っている。学校の名称や生徒の身分は変わっても、少年工科学校の伝統は不朽のものがあり、その生徒魂は、いまも武山の地で脈々と受け継がれている。

令和元年度までの卒業生は、63個期約1万9千名に上っている。その約半数は、現役自衛官として陸上自衛隊のみならず海空自衛隊の中枢として活躍しており、約半数は、新しい志を求めた者も、それぞれ社会の一員として各界において力強い影響力を与える存在である。

投稿にあたっては、少年工科学校の卒業生である第1期生〜第53期生までを対象とした。第6期生までは、少年工科学校という名の学び舎ではないが、卒業生という立場で執筆いただいている。投稿については、自衛官として定年まで奉職した者、社会人として実社会で活動した者、そして現職自衛官、様々な経歴を考慮して幅広い観点から少年工科学校教育を捉え、そこで鍛錬した教育内容が優れていることを説明している。

現役自衛官の経歴については、投稿時の肩書を記載した。

本書は、特別提言を中心にいかに逞しく行きぬく力を養成するかを中心のテーマとして、第1部「特別提言編」、第2部「教育編」「伝統編」「立志編」「卒後編」「展望編」「歴代校長編」、第3部「教官編」「資料編」に区分した。

国内で唯一の貴重な存在として、この学校で学ぶ各種の内容と、それを経験した青少年が世に羽ばたいていく姿、その在り方を赤裸々に描き、この学校をいまの世に対応する新しい姿に向かった特別提言とした。

参考として、少年工科学校の詳しい歴史や出来事は、「資料編」に掲載している。

編集委員長　第15期生　山形 克己

教育編

「教育編」とは、各年代における少年工科学校の教育手法や自ら学んだことについて、各寄稿者の視点から書き下ろした文を編集したものである。

生徒指導のＫＪ法

第１期生　佐藤　富男

　ここで記することは、区隊長時代、区隊長や助教で生徒の教育指導に関して討議を行った。当時としては、斬新的な発想法であるＫＪ法を用いて研修を行ったというところに、当時の指導者がいかに真剣に生徒教育を考えていたのかの一端が伺える。その研修に参加した所見資料が引き出しの片隅で見つかった。約50年前の若者の姿が、いまとさほど変わりないのではないかと考えている。

ＫＪ法参加所見（昭和46年６月）

1　生徒の感じる事故予防の目的は誰のためだろうか。
2　組織の目標と生徒個人の目標は、長期視野に立って統合すべきではなかろうか。
3　生徒が学ぶ陸曹の姿と現実の陸曹（学校職員）の姿に隔たりが感じられる。
4　閉鎖的環境で生活する生徒は一般社会に憧れるが、職員のセンスが古いのでは。
5　職員自らが仕事に意義や大切さを感じチャレンジする姿勢が必要では？

6 仕事の任務の限界が不明確な個所は相互にオーバーラップし空間を作らないという熱意と誠意が必要。

7 雑務第一、訓育二の次……雑務とは何だろう。仕事と作業の認識について洗う必要がある。

8 入校動機にも裏表がある……組織に合わせる教育が必要では。

9 将来の目標を限定しようとすると反発や無理がある（若者の夢を消すな）

10 生徒にとって少工校は、人生の可能性の一つのはずが、人生の可能性のすべてであるように取り扱われるのに生徒は反発を持つ。

11 生徒の誇り、それは長期人生へ、一般高校生に比し常に有利なものを持っているんだと感じられること。

12 集団の中で自己実現（充実感）意欲を阻んでいるのは何だろう。

13 異性と交流したい望みが抑えられ、女性を見る目やマナーが悪い。

14 大人としての心理的意識を口に出して確かめてみたいのだが。

15 若者の特権、それは失敗を乗り越え伸びる喜びを持ちたいのだが、そうさせないものがあるのでは。

16 生徒は一人前に扱われたい、一人歩きをしたいと願っている。生徒にそう感じさせつつ、陰の心配りが必要。

17 集団の中でも、孤独やプライベートの場を持ちたいと思っている。

18 職員にほのぼのとした温かみや親身にしてくれるといった人間臭さを感じたい時がある。

19 自分の名前を知らないだろうと思っていた人から名前を呼ばれるほど嬉しいことはない。

20 自己の一面（一部）しか知らない人に怒られても反発が浮かぶだけ。

21 人間的な触れ合いが制度利用の入校動機を逆転することができるのでは。

22 少工校生活の欲求不満を社会に求め「井の中の蛙」となりたくない。

23 主体的な判断能力に欠け、自分の可能性を確かめたがる生徒は、限界のみえるような自衛隊での将来よりも一般社会に魅力を持つ。

24 生徒が魅力を感じている外の社会よりも学校生活（自衛隊勤務）の方が本当に価値あることを知らせる必要がある。

25 職員が誠意熱意をもってなりふりかまわず生徒にぶつかってくれることを望んでいる。

26 訓育の最良の参考書は、新刊書よりも目の前の生徒。

27 長所を伸ばすのか、欠点を正すのか、角を矯（た）める弊はないか。

28 成果の望みの諾否のストップラインは？（指導の限界はどこまで忍耐、根気）

29 部下を本当に育てる難しさ……人を使うことはできても育てることは難しい。

30 見つかりさえしなければいいんだという心理と、見て見ぬふりをすることから規律や厳しさがなくなる。

31 育てることと甘えさせるとはどう違う？

32 義務感ばかり言い過ぎには抵抗を感じる。
33 少工校で育ててもらった……言葉では感じられるが心にはむなしく響く。
34 規律は誰のため？（自ら守る意義を感じた時に進んで守る）
35 進級の厳しさ……適者生存の大原則の中で成長したい……やる気はここから。
36 自己に価値があるとわかればどんな困苦にもばっちり頑張る。
37 正しいルールでの競争が充実感に結びつく。
38 自分の存在の尺度。それは学力だけだろうか？
39 卒業後の昇任等へ学校の成績は無関係か？
40 精神面、技術面において部隊で使いものになるためには、学校教育に不足がある。
41 部隊の厳しさや実情をなかなか教えてもらえない。
42 部隊の人間関係は非常に難しい。
43 何時役に立つ何の教育が必要か。（長期の観点）
44 一日のうちで何分かは解放感を味わいたい。
45 経済的物質的欲求は際限なく広がるが、家庭的雰囲気は探求の要。

元少年工科学校区隊長
宮城県出身

多感な時期の〝なぜ〟に応えるプロジェクト学習

第13期生　金田　隆

横須賀の土を踏んでかれこれ50年以上になってしまった。当時を思い起こすと、懐かしい同期の顔とあらゆる場で直面した〝なぜ〟を探り続けた日々を思い出す。中学を卒業してすぐ、新しい環境の中での集団生活が始まった。初めてづくし。すべてが疑問。なぜ、なぜ……。起居容儀に始まり、自衛隊特有の課目教育、集団生活の中での同期生との人間関係の作り方。その都度考え、決心し、すぐに行動に移すことを求められた。年代的に自分探しの真っ只中にいる500名超の生徒が、一心不乱に体当たりの日々を過ごすわけなので試行錯誤は当たり前。そんな中で自分を見つけ他者への労わりの心の大切さを知り、少しずつ大人への道を歩んだ。いま思えば、誠に貴重な4年間だった。

以前、心理学者の国分康孝氏の著書「範は陸幼にあり」を読ませていただいた。氏は陸軍幼年学校では真の人間教育が行われていた、と言っている。例えば、陸軍幼年学校に在籍している少年たちは急速な身体的成長がおきており、そのため身体バランスを必要とする器械体操などを強要すると思わぬ怪我をさせてしまう。従って、毎月身長測定を行いその月々の伸びがいくらだったかを把握し、一定以上伸びている生徒は器械体操の時間は見学になっていたとのことだった。身長を測る目的は、背の高さを知ることではなく、前月からどれだけ伸びたかを知ることにあったのだ。まさになぜに応える理にかなった話である。

「なぜ、なぜ探しの生活」も年代的に自分探しの最終コーナー（アイデンティティー獲得の仕上期）に差し掛かった身にとっては有意義だった。後年聞いた親の言葉を借りれば『息子3人いる中で、手を付けられないぐらいにすごい反抗期だったのはお前だ。』とのことで、まさに暴れ馬みたいな私が、生活環境ががらりと変わった中で、親への甘えをなくし、すべてに疑問を呈しながらも深く自分と向き合い、物事のいわれを探ることができた。このことは、大人としての立ち居振る舞いを身に付ける上で大変役立った。ただ、反抗心をぶつける先が見つからなかったのは確かで、ある程度自主的な動きができたクラブ活動や課外の空き時間などで大声を出すことを求められた（隊歌演習や号令調声など）ことが発散の場だったのだ。

第13期生として入校したが、受け入れに当たった学校側としても年代的に難しい青少年期の若者をどのように教育し育て上げるのかに様々な工夫を施していた。まずは学校の職員である。当時の学校長は、陸軍幼年学校の教官経験者だった。また区隊長には幼年学校・防大・一般大学出身者をはじめ、入校してくる生徒の気持ちを十分に汲みとることができる人材が揃っていた。教育科目の組み立ても、受ける側が無理なく学べる工夫がなされており、毎回のように次は何を教えてもらえるのかへの期待が湧いてきたものだった。一般の学校教育では、予復習の大切さが強調されているが、教育を通じて忘れたくない気持ちと次の教育に期待する気持ちが湧けば、改めて予復習を言わなくてもよさそうである。

印象深かったのは先輩の一挙手一投足であった。当時は入校して一年間は上級生が2名、一学期ごとの交代で我々の課外時間の生活指導をしてくれた。当然のことながら、体力抜群で成績優秀な生徒が選ばれ、我々新入生のロールモデルになってくれた。それらの先輩諸兄は、我々の面倒を見つつ自分のことを完璧にこなしながら勉学も卒なくやってのけていた。何と言っても切り換えが早いことと時間の使い方がうまかった。先ほどまで、我々の面倒を見ていたと思っていたら、いつの間にか自分の科目勉強に移り、その次には明日の予定の打ち合わせを行うというような動きぶりだった。このような先輩と生活を共にできたことは生涯の財産であり、当時、あと1年したら、あんな上級生になりたいと思ったのは私だけでなかったはずだ。

「明朗闊達」「質実剛健」「科学精神」は母校の校風である。学校を卒業して、部隊勤務をしている間も、定年になり民間に移ってからも体の芯に校風が染みついていて、ことあるごとに正しい道を指し示してくれる。ありがたい限りである。明るく、逞しく、真実を求めてやまない姿を、手を変え品を変え体験的に教授された。

ここまで書き進めてきて思い起こすのは、東日本大震災後にＯＥＣＤが行った「ＯＥＣＤ東北スクール」のことである。大震災の被災地東北の子どもたちが参加するプロジェクトに与えられたミッションは「２０１４年にパリで、東北と日本の魅力と創造的復興をアピールするための国際的なイベントを企画実施する」だった。ＯＥＣＤは、子どもに必要な主要能力（キーコンピテンシー）を①社会・文化的、技術的ツールを相互作用的に活用する能力②多様な社会グループにおける人間関係形成能力③自律的に行動する能力としており、東北スクールにおいても、実社会においての任務遂行の過程を通して、大志を抱き、またイニシアティブをとりリーダーシップ、建設的批判思考力、協調性、交渉力などの能力（21世紀に向けての「カギを握る能力」）を育むことを狙いとしていた。プロジェクトに参加した子どもたちは、２０１４年8月30日・31日にパリで東北復幸祭を開催し、見事ミッションをクリアした。

我々も生徒教育中は、有為な大人になるためのプロジェクト学習の中にいたのかもしれない。間違いのない教育理念のもと、目標に向かうための環境を整え、愛情をもって見守ることで人は育つ。この時も、学校の名前は変われども同様の生徒教育が行われていることに心から感謝申し上げたい。

元少年工学校生徒隊長
宮城県出身

この教育を振り返る

第13期生　大堀　武

自衛隊生活8年、地方公務員生活36年、社会福祉法人経営7年、自治体首長1年と16歳から現在の68歳まで51年間を休みなく走り続けている人生を振り返りながら青春時代の4年間の出来事の大切さをあらためて考えてみたい。

早く自立したいという思いが強く、昭和41年4月の入校を考えていたが、中学校の先生から受験を止められ、やむなく進学のための普通高校に進み平凡な高校生活を過ごすことになった。しかし、入学早々「お前たちは、馬鹿だな」という発言が、あまり好感が持てない教え方が下手な先生から授業のたびに言われたことで、この学校で学ぶことがあるのだろうかと思い、新たな道として選択したのが一年遅れの少年工科学校入校である。

そして本校の4年間で何が一番大切であったかを考えると、あの青春時代に男だけの集団生活と自立した生活の育成と時間管理の徹底であったように思える。自分にとっては、集団生活や限られた時間での生活はあまり気にならないものであり、親から離れて自分で考え、生活することができ、生き生きしていた。

本校の青春時代は、世の中の多くの青年が経験できない生活を送り、いまでも生活に必要な「染みついた行動」につながる等多くを学ぶことができた。

まず、自分が生活するうえで朝6時に起きて、夜10時に休むという必要最低限の規則正しい生活習慣を身に付けることができた。そして、朝起きてから寝るまでの限られた時間をいかに有効に使うことができるか、という点では、一日の自分のスケジュールをしっかりと決め、定められた時間を守りながら行動の切り替えを行い、自分の身の回りの整理整頓、洗濯、清掃、入浴、食事、貸与品の管理等行動の切り替えをしっかりすることが身についたと感謝し、現在もその時間感覚は大切にしている。

次にいろいろな事の判断を若いうちから自分で決断し、自分で対応しなければならないという判断能力、決断能力が多く身についたと感じている。

そして人の前で話をするときにいかに要点を押さえながら決められた時間の中で話をするかも生徒時代の3分間スピーチ訓練の成果と感じているし、日誌を根気強く付けることで、日々の反省や行動の記録になることを体験し、いまでも実践している。

更に10代の若者が、手当をもらうことで、金銭の管理をしっかりさせるために金銭出納帳を付けさせせられたことで、お金の大切さ、金銭感覚の大切さなど非常に大切なことを教わったと感じている。それは、いまでも金銭管理、計画的な資金管理等に役立っている。

集団生活を通じた仲間意識や協調性の大切さ等は、現代でも特に必要と叫ばれているが、このことがごく普通に自分自身の中に醸成されたことは、生徒時代の集団生活のお陰と感謝している。そして、体力的にも大きく成長し、忍耐力においてもあの時代を乗り越えたと思うと、大抵のことは耐えることができる自分がいると感ずる。

夕方の17時から19時までの時間の活用は、非常に濃密な時間の使用方法である。夕食、入浴、洗濯、クラブ活動と限られた時間を有効に、そして集中した訓練であった。

更に19時から21時までの強制自習は、まず、机に向うという訓練と決められた時間は、本を開くという訓練やテレビを見ない時間をつくる等様々な生活基礎となり、それが、必然的に自ら学習する行動につながっているように感じている。

学校の校風である「明朗闊達」「質実剛健」「科学精神」は、現在においても必要な考えであり、これを考えた方々にあらためて尊敬の念を覚える。

最後に現在の青年たちに我々のような生活をさせろ、とは言わないまでも、何らかの機会により是非体験をしていただき、自分の人生設計に役立てていただければと願う次第だ。

そして8年間で自衛隊を退職した私に対し、旧交を温めていただいた同期生の方々にあらためて感謝すると共に東日本大震災時における同期生を含め、多くの本校卒業生徒のご支援に感謝申し上げたい。

福島県新地町町長
福島県出身

自衛官から弁護士になって思うこと

第15期生　澤田　直宏

はじめに

現在、弁護士7名、事務員6名が在籍する法律事務所の所長弁護士だが、中学生の頃は、勉強嫌いで、中学卒業後は、高校には進学せずに陸上自衛隊少年工科学校に入隊して航空機整備員になった。

その後、航空自衛隊に転属してパイロットの訓練を受け始めたが、実際、飛行機を操縦してみて、自分には合わないと思い、21才で自衛隊を依願退職し、心機一転、法律家を目指して法学部に入学し、苦労の末、平成3年に37才で弁護士となって現在に至る。

勉強嫌いが、中卒後、自衛隊の航空機整備員からパイロットになり、その後、弁護士になることができたのは、自衛隊教育のおかげであると、いまでも感謝をしている。

以下、自衛隊教育を通して、教育の本質について思うところを述べさせて頂く。

勉強嫌いになった理由

まず勉強嫌いになったのは、中学3年時に成績が良い生徒は普通高校、成績の悪い生徒は工業高校というように、生徒の適性や希望とは無関係に進路が決められたり、成績の良し悪しによって生徒に対する態度を変えるような教師がいたからだ。

そのため、幼かったのか、「自衛隊に入れば勉強しなくて済む」などという極めて不純な動機で自衛隊に入隊したのである。

自衛隊での教育

ところが、自衛隊に入隊と同時に通信制高校にも入学したことになり、朝から夕方5時迄の就業時間の半分は高校教育の座学、半分は屋外での訓練というように、身体だけでなく頭も鍛えられた。

夜も就寝前の2時間位は自習室で強制的に自主勉強をさせられた。

そのため、当初は、朝から晩まで24時間、集団生活の中で強制的に訓練等をさせられることに苦痛を感じた。

しかし自衛隊で高校教育を担当する専門職の教師の方々は勿論、制服自衛官の上官、先輩らは、当時５００人はいた同期生徒の全員が一人も漏れることなく、一人前の自衛官として成長できるようにとの「使命感」と「愛情」をもって接してくれていることを強く感じることができた。

いまでも忘れられないのは、先輩の指導生徒が、毎晩、就寝直前に、大声で「黙想！」と言って私たちに目を閉じさせた上で、「今日一日を振り返って、故郷の山河に恥じる行為はなかりしか！」などと、しみじみと指導をしてくれたことだ。

生まれも育ちも東京なので、思い浮かぶような故郷の山河はなかったが、目を閉じて黙想をしながら、「そうだ、誰にも恥じない生き方をしなければ！」という、人間として一番大切な事を教わった。

また防衛大学校への進学を希望する生徒のために、教師の方々が、昼休みの貴重な時間をさいて特別授業を開催してくれたこともあった。

更に自衛隊には、電子、戦車、航空、通信、野戦特科など幾つもの専門職があり、当初は電子科に配属されていた。しかし、航空機に関心があることを上官に相談したところ、希望通り航空機の整備員になれるよう配属を変えてくれた。

自衛隊教育に携わる方々には、隊員一人一人の「個性や才能を尊重」すると共に、一人前の自衛官を育てるという強い「使命感」があった。

最後に

そうした、自衛隊教育のおかげで、勉強嫌いだったのが、勉強が少しずつ好きになると共に、自分に自信をもって生きることができるようになった。

また自衛隊で、身の回りの整理整頓や上官に対する礼儀作法など、人として生きていく上での最低限の躾教育等も受けるなかで、自分も社会に役立つ仕事をしたいと願うようになり、弁護士になることができた。

そうした自身の体験を通して、教育の本質は、単なる知識の詰め込みではなく、人としていかに生きるべきかを教えることにある。

またそのためには、生徒の「個性や才能を尊重」し、できる限りの可能性を開き、生徒一人一人がこの世に生まれてきて果たすべき、それぞれの使命を自覚できるようにしてあげることが大切なのだ。

有名な寓話に、レンガ職人の話しがある。旅人が、レンガを積む仕事をしていた三人の職人に「ここで何をしているのですか?」と尋ねたところ、一人目は「レンガ積みに決まっているだろ。朝から晩まで、俺はここでレンガを積まなきゃいけないのさ」と答え、二人目は「大きな壁を作っているんだよ。この仕事のおかげで俺は家族を養っていけるんだ」と答え、三人目は「歴史に残る偉大な大聖堂を造っているんだ!ここで多くの人が祝福を受け、悲しみを払うんだぜ！素晴らしいだろう！」と答えたという話しである。

同じ仕事をするにしても、何の目的意識もなくするのか、生計を立てるためという利己目的でするのか、社会のためという使命感をもってするのかでは大違いと言える。

例えば、「医は仁術」という言葉があるが、医師の中には「医は算術」とでも言うような、「自身の生計を立てるために仕事をしている」、患者の立場から親身になって診療に当たろうとしないような人物をみかけることがある。同様の例は、教師、公務員、政治家などすべての職種に見ることができる。

すべての人々が、それぞれの仕事を単に自身の生計を立てるためなどという利己目的ではなく、人々を幸福にするため、社会を少しでも良くするためにとの強い「使命感」を持って仕事に従事することができたならば、どれほど素晴らしい世の中になるだろう。そうした意味から、教育はとても大切なことだ。

弁護士
東京都出身

鉄は熱いうちに打て

第16期生　井上　武

はじめに

徳島県の中学を卒業して横須賀の武山駐屯地の門をくぐり、少年工科学校の第16期生として入校して約半世紀が過ぎようとしている。

自衛隊生活を開始するにあたり、受領した衣服や装備品等を整理して、指導生徒の指導の下で初めて制服を着用し、エンジ色のネクタイの締め方を教わっている姿が脳裏に焼き付いており、古い大切な思い出である。

6年前には、長い間お世話になった自衛隊生活も終了し、引き続き、新たな職場での第2の人生を送らせてもらっている。

現役時代は、諸先輩や恩師等のご指導のお蔭で、少年工科学校を含む4年間の生徒教育を無事に終えて、運よく防衛大学へ進み、在ドイツ防衛駐在官を始めとして多くの充実した職務を経験することができた。

過去を振り返ることはあまりないが、自分の自衛隊勤務の原点である少年工科学校での生活や教育の特徴を振り返ってみた。

自衛隊生徒教育の特徴

古い記憶では、国防の使命感に溢れて入校した生徒もいる。他の生徒は、手当をもらい高校を卒業できるという理由から選択した生徒もいた。

しかしながら、4年間の充実した教育訓練システムは、入校した生徒の知性と体力と精神を鍛え、育て、成長させ、国防の使命感に溢れた技術的な知識や能力を備えた初級陸曹を作り上げている。

更に大半の卒業生は、仕事の傍ら夜間大学等で自己研鑽に励み、部隊の現場を熟知した幹部自衛官となり、部隊の指揮官や幕僚として飛躍している。

既に、創設以来の卒業生は1万9000名を超えており、陸自のあらゆる方面で活躍しているため、自衛隊生徒は、「陸上自衛隊を支える原動力であり宝である」と言われることもある。

この様に、本校が多くの有用な自衛官の育成に成功しているのには、さまざまな要因があろうが、少し当時を振り返って考えてみたい。

中学卒業直後から人材育成が開始されることにある

「鉄は熱いうちに打て」と格言にあるが、純粋な気持ちを持ち、どの様な変化にも対応できる柔軟性ある若い時期に、規律正しい集団生活を通じて、心と体を鍛錬することは、自衛官としての重要な土台形成となっている。

若い時期の鍛錬は、身体に染み込んだ財産となり、困難な状況に遭遇しても、リーダーシップを発揮して組織を率いて課題や問題を解決する能力を向上させる。

知育、徳育、体育のバランスのとれた教育内容である

健全な精神には健全な肉体が必要であり、健全な肉体には健全な精神が必要である。人を育てるには、このバランスを取ることが重要である。

学校の教育理念は、「技術的な能力を有し、知徳体を兼ね備えた伸展性ある陸上自衛官として相応しい人材を育成する」とあり、この理念がしっかりと展開されている。

一般的な教養や知識に加えて、将来の技術的なスペシャリストとして専門的知識を習得させ、また防衛基礎学を通じて自衛官としての必要な基礎を身に着ける。

更に規則正しい団体生活を通じて、規則や時間厳守の重要性を認識し、志を共有する同級生との親睦を深め、組織と個人の関係や組織の団結力の重要性を自らの経験を通じて身に着けさせている。

また訓練やスポーツ活動を通じて、困難を克服できる体力と気力を育成でき、与えられた目標を達成するために、切磋琢磨する気風が生まれ、強きものは、リーダーシップを発揮し、弱きものは、組織に迷惑を掛けない様に歯を食いしばって頑張る。この様な経験を通じて共同体意識が生まれ、組織の団結力は一段と強化される。

指導体制が充実している

約40名程度から編成された各区隊は、若手幹部の区隊長とそれを補助する陸曹が2名配置され、生活全般の服務指導に当たっている。

また2名の上級生が指導生徒として親身に指導する。経験豊富な指導者の助言が、勉学面や訓練面で脱落しそうな生徒を善導してくれる。

生徒時代は、感受性が豊かであり、脆い面も持ち合わせている。人を育成するには、いつの時代でも、どの組織でも、適切な指導体制が重要である。

山本五十六連合艦隊司令長官の名言の中に、①「やって見せ、言って聞かせて、させて見て、ほめてやらねば、人は動かじ」②「話し合い、耳を傾け、承認し、任せてやらねば、人は育たず」③「やっている姿を感謝で見守って、信頼せねば、人は実らず」とあるが、人を育てる本質を突いており、現代の教育においても、色褪せることはない。

結　言

自衛隊の戦力は、人と装備の総合力である。人を育てるのは教育と訓練である。任務に応じて装備品を適切に使いこなせるかどうかは、人の能力や練度に左右される。この基本原則は、時代が変わっても変わることはない。

しかしながら、現在は更に任務が多様化し、取り扱う装備品が高度化・システム・無人化している。この様な取り巻く環境の変化にしっかり対応できる人材を育成することが、いまで以上に重要となってきた。

本校は平成22年から、高等工科学校と名称が変更されて、新たにスタートしたが、変えてはいけない基本理念や伝統はしっかりと継続して、新たな時代に相応しい将来の陸自を牽引する自衛官としての資質や伸展性を持った人材を引き続き輩出してくれることを卒業生の一人として希望すると共に応援していきたい。

元富士学校長
徳島県出身

真冬の麦踏み

第16期生　池田　整治

麦踏みをしたことがありますか？

幼い頃、愛媛の最南端の人口4千人の寒村・一本松町（現愛南町）で、一面真っ白に霜の降りた麦畑で父母と共におこなった麦踏みを、いまでも懐かしく思い出す。白い息を吐きながら、霜柱で上がった麦の若芽の列を足の裏でローラーのように踏み固めて行くのだ。麦は新芽の時に、霜の降りるような寒い朝に何度か踏まれることにより、丈夫な茎となりやがて美味しい麦ができると、父母から何度も聞かされたものである。

これは、「エチレン」という植物ホルモンの働きなのだ。エチレンは、植物が生長する時に、伸びて行く先に邪魔なモノがあったときに面白い作用をする。例えば、芽を出そうとしたときに、石がありぶつかって傷ついたとする。すると、傷口からエチレンが放出され、植物がこれを感知、茎が太くなり、石を押しのけようと働くのだ。つまり、エチレンは茎を太くする作用があるのだ。麦を踏むことにより、傷がつく→エチレン発生→茎が太くなる。太くなった茎は、風に倒れにくく、更に分枝も多く出て、強い麦になるのだ。昔の日本人は、エチレンなど知らなくても生活体験の叡智で、麦踏みの大切さ、ひいては成長期に鍛えることの大切さがわかっていたのである。だから幼い私を麦踏みや山や田圃の仕事に一緒に連れて行ったのだ。

麦が植物の中で唯一人為的に成長期に鍛えられているものだとすれば、現代の日本の組織の中で、その成長期に否応なく徹底して鍛えられたのが自衛隊、それも15歳から社会的に「踏まれた」自衛隊生徒と言える。

そもそも国を守る組織として発足すべきなのに、名称からして「警察予備隊」だった。自衛隊となっても、沖縄では、駐留当初、自衛官とその家族が市役所で住民票の受付を拒否されるということもあった。完全な「存在否定」だ。万が一の時に、命をかけて国を守る軍人を敬うどころか否定する国民など、果たして世界中で何カ国あるだろうか。私の知る限り、日本だけである。

実は、これには深い「カラクリ」がある。世界を支配する「彼ら」が、二度と日本が立ち上がって彼らに刃向かわないようにした「分断支配」の一環なのだ。詳しくは、拙著「離間工作の罠」(ビジネス社)を読んでいただきたい。その国を弱体化するポイントは、国軍と国民を離間させておくことなのである。

自衛隊発足当時からつい最近までの、いわゆる「左翼」による反自衛隊活動の凄まじかったこと。赤旗で駐屯地が取り囲まれたこともあった。町中の道路上を歩くだけの訓練で、「町を軍靴で汚すな」と抗議を受ける有様だった。

15歳で自衛隊生徒つまり自衛官になった私も横須賀の街に外出していて、「税金泥棒！」と罵声を浴び、その夜消灯後のベットの中で涙を流した体験もある。人間、自己の存在を否定されるほどショックなことはない。でも、それ故にバネとなって成長する。麦踏みと同じで、踏まれ傷つきながら、それを客観的に見つめ勉強するうちに、心の中から成長ホルモンが出てくるのだ。

それは、自衛隊の「使命」から否応なく心の成長が促されるのだ。自衛官は、任官時に宣誓する。そこには、「事に臨んでは『危険を顧みず』、身をもって責務の完遂に努め、もって国民の負託に応える」とある。つまり、万一の時は、赤旗を振って自衛隊反対を主張する人とその家族をも命をかけて守ることを使命としている。また自衛官は、「常に徳操を養い、人格を尊重し、心身をきたえ、技能をみがき、政治的活動に関与せず」とも宣誓している。

反戦・反自衛隊の嵐の中でも、そのような政治的な思惑など一切気に止めず、ただ一途にすべての国民の命を自己の生命を賭して守ることだけに、営々と精進して来たのだ。

特に多感で心の最も成長する生徒時代に魂の奥底からその試練を体験した生徒出身者は、その自衛官の中でも鏡的存在になるのは、当然かも知れない。

阪神淡路大震災や東日本大震災等は、その成果の一部を応用したに過ぎない。万一の時は、文字通り命をかけてこの国を守る。このような自衛隊が存在する限り、この国を侵略できる国はない。

戦後統治した「彼ら」によって、逆境の中で産声をあげて成長してきた自衛隊だが、彼らの思惑に反して、魂レベルで成長したのが自衛隊ではないだろうか。もし順境だったら組織的な成長は少なかったかも知れない。「解放軍」としての米軍が、占領軍意識で繰り返し性犯罪を起こす輩がでるのとまさに真逆である。

要するに自衛隊にとって、草創期の「真冬の麦踏み」が、組織に「ヤマトのこころ」を吹き込んだ。目線が上からでなく、救助を待つ人とまったく同じなのだ。それ故、ＰＫＯ等でも、自衛隊だけは現地住民から慕われ続けてきたのだ。あらゆる組織も関わる地域や住民の目線で、その人々の幸せを第一義とする活動をすれば、地域に根ざす永久の組織になる。それがヤマトのこころだ。その際、様々な試練を「真冬の麦踏み」としてとらえて、個人のそして組織の波動、「魂」を高めることだ。有難いことに、生徒出身者は否応なくそれを体験したのである。

元第49普通科連隊長
愛媛県出身

ここの教育について

第19期生　渡部　博幸

　平成27年12月、陸上自衛隊富士学校長の職を最後に約43年間に亘る陸上自衛官としての仕事を終えた。昭和48年春、中学校を卒業したばかりの小僧が武山の門をくぐったのは、半世紀近くも前の遥か昔のことのはずなのに、つい最近の出来事だったような気もする。時間の経つのが早く感じるのはそれだけ充実した自衛隊での勤務だったということであろうか。

　生徒卒業後に防衛大に進んだ訳でもないのに、幸運にも3士から陸将まで1曹と准尉を除く15コの階級章を着けたが、組織の中において、その時々の職責に応じて色々な仕事ができたことは、大変幸せなことであった。楽しい仕事が大半であったが、厳しい局面や難しい状況にも何度か直面した。そのような時も何とか乗り切ってこれたが、その原点は、どこにあったのだろうか。多くは時々の仕事をしながら、上司、同僚、部下の方々に恵まれ、少しずつ知識と経験を積み重ねたことが大きかったが、その根底は、生徒時代にあった。

　生徒時代は、そんなに優等生ではなかったし、ずば抜けた体力や腕力があるわけでもなかったので、平均的な生徒だった。同期生とそれなりの悪さ（詳細は控えることにするが）

もしていた。従って、真面目に勉学に励み、進んで身体を鍛えるような模範的な生徒では決してなかった。ただ、同期生に迷惑をかけることはしたくないという思いはあった。

クラブ活動は野球部だったが、練習には真面目に出ていた。コーチが、走ることが趣味のような助教だったこともあり、毎日嫌でもかなりの距離を走らされ、人並み以上に走る力はついたし、また練習を通じて体幹も自然に鍛えられたのだと思う。自衛官として必要な基礎体力は、間違いなく武山で作られたと言える。お陰で自衛官時代に体力的にあまり苦労した記憶はない。大感謝である。

1年生の時に「なるほど、そのとおりだな」と思ったことが2つあった。それ以外にも色々と教わったのであるが、その後の人生に影響を与えたようなことで明確に覚えていることは、この2つである。

指導生徒のH先輩から指導されたトイレ掃除

入校式が終わって間もない頃だった。H先輩が「トイレ掃除について指導する」と言われ、皆でトイレに集合したところ、H先輩が両腕を捲って、素手で小便器を洗い出した。何も言わず黙々と隅々まで洗っているのである。皆で呆気にとられていると、今度は大便器である(当時は和式の水洗であった)。これも同じように素手で洗っている。洗い終えた後、H先輩は無言のまま石鹸で手を洗い、洗い終えるとタオルで手を拭きながら、こう言った。「いいか、手はこうやって石鹸を使って洗えば綺麗になる。だが、トイレは誰かが洗わないと綺麗にならない。分かったか」強烈なインパクトであった。要は汚れてるのに気が付いたら、誰かがやるだろうではなく、気づいた者がすぐにやれということであり、それを継続しておけば汚れることはないということである。この出来事（考え方）は、以後の私の自衛隊での勤務に大きな影響を与えることになった。たかがトイレ掃除、されどトイレ掃除である。

地理の教官であったK教官による授業中の話

入校して1ヶ月ほど経った頃だったと思うが、当時1年生は、起床から朝礼整列までの2時間足らずの間に、点呼、ベットの整頓に始まり、朝の間稽古、洗面、朝食、清掃、着替え、授業の準備などを済ませなければならず、課業終了後も、19時10分（当時）の自習開始までに食事、入浴、洗濯、アイロンかけに靴磨きなどただでさえ忙しい上に、指導生徒の行う間稽古や隊歌演習などで時間を拘束され、時間もなければ、精神的にも余裕のない状況であった。

K教官は、「毎日、忙しいよね。でもね、何とかなるものだよ。何だかんだで、もう1ヶ月乗り越えたじゃないか。人間は、まず何とかなると楽観し、そして何とかしようと努力することが大切なんだよね。悲観から入るのではなく、物事を楽観的に考えることも必要だと思うよ」と話された。これには少し救われた。その後の自衛隊での仕事において、ポジティブな思考と行動、根気と粘りが思考の中心となり、自己コントロール感覚も何となく身につき、失敗したらどうしよう的な思考をしなくなった第一歩だった。ウインストン・チャーチルは、「悲観主義者はすべての好機の中に困難を見つけてしまうが、楽観主義者はすべての困難の中に好機を見つける」と言ったが、楽観主義は仕事をし、人生を送る上での基本となっている。

また自衛隊の組織や一般社会で仕事や生活をしていく上で、色々な人たちと殆ど違和感なく付き合ってくることができたが、武山で一緒に過ごした同期生のみならず、先輩や後輩との付き合い方など人との関り方の基本もここで培われた。下級生の間は、教官等の指示や指導に従うことは当然であったものの、3年生の先輩の指導を受けながらフォロワーシップを学んだ印象が強かった。特にクラブ活動を通じての経験は貴重であった。また3年生になってからは、後輩の目を意識する機会も増え、意識せずとも自然にリーダーシップを身に付けていくようになったのではないか。

生徒課程を卒業後、陸曹として部隊で勤務したが、ここでは生徒の先輩の方々に大変助けられた。仕事の面では勿論のことながら、夜間大学へ通うきっかけを作ってくれたのは何名もの先輩の方々であり、仕事の後、通学を認めてくれた自衛隊のお陰である。

これには本当に感謝している。

最近、生徒出身の陸曹でⅡ部や通信制の大学に通う環境があるにもかかわらず、大学に通う者が少ないと聞いているが、もったいない話である。現在の状況に満足してしまい、何かにチャレンジしようという姿勢や気概に欠けるというのは最近の若者の特性らしいが、生徒出身者には、そのようにはなって欲しくない。

一つの仕事を根気よく、めげずに続けたおかげで、自衛官という仕事は私の天職であったと思うと同時に、15歳から育ててくれた陸上自衛隊には感謝以外の言葉がない。

そして、その自衛官の仕事の基礎、人間としての生き方の基礎を3年かけてみっちり叩き込んでくれた少年工科学校の教育は、自衛隊のみならず、民間の会社や社会でも十分に通用する教育である。自衛隊の生徒教育も時代の変化に伴って変化するべきであるが、若年の時から時間をかけて人材を育てていくという考え方は、大変有益であり、これからも少年工科学校の教育（精神）が引き継がれていくことを切に願うものである。

元富士学校長
三重県出身

日本一の高校、世界一の陸軍下士官学校としての教育

第25期生　六車　昌晃

陸上自衛隊少年工科学校（現／高等工科学校）こそが日本一の高校であり、世界一の陸軍下士官学校と認識している。

本校は陸上自衛隊の中堅である技術系陸曹を目指す学校であり、陸曹としての資質、及び知識・技能（識能）を徹底して教育し、小部隊のリーダーであり、技術的専門分野のエキスパートであり、陸士の直接的指導者としての技術系陸曹を育成していた。

しかし本校は単に立派な陸曹を育成するのみならず、立派な人間を育成することを重視していた。「知育・徳育・体育」の3つの教育をバランス良く行い、伸展性ある人材を育成していた。このことは卒業生が陸上自衛隊の中では3等陸曹から方面総監まで、また航空機のパイロット、護衛艦・潜水艦艦長や部隊長など海上・航空自衛隊でも活躍していること、更に自衛隊の外でも各界で大いに活躍していることからも明らかである。

本校の教育には4つの特色があったと認識している。

『計画的、段階的かつ継続的な教育訓練』

陸上自衛隊のお家芸の教育訓練のコツを身をもって体験したことは後々幹部になってからも大いに役に立った。まずは法規や理論などの知識を学ぶ。その知識の上にノウハウなどの技能を学ぶ。ノウハウは意識しながら行うところから始まり、無意識（いわゆる〝心手期せず〟）にできるように繰り返す。これにより入校するまで誰一人知らなかった小銃の射撃も誰もができるようになる。また各個訓練から部隊訓練、小部隊(組訓練)から大きな部隊(班訓練)へ。学校内の教室、訓練場から最後は広大な演習場で実戦を意識した訓練まで段階的に行う。他方、朝のランニング等の間稽古、持続走や銃剣道等の競技会に向けた練成は毎日継続して行われる。多くの3年生が体力検定1級に合格し、体力記章を胸にする。

これらの訓練は思い付きで行われることはなく、綿密な計画に基づいて行われ、最後は自らの体力・気力の限界にチャレンジする。一人では決して超えられないような大きな壁を同期相互で励まし合い、助け合いながらみんなで乗り越えて行く経験を積み重ねることにより、同期の絆は無二のものまで深まると共に、自衛隊の基本である組織力の発揮を身に付けることができた。

『立派な国民、社会人、自衛官としての人格形成教育』

自衛官としての各種訓練には徳操教育も含まれており、徳育の一部をなしていた。

「国内外情勢」「民主主義の理念」「権利と義務」「知性と教養」「日本の歴史と伝統」「愛国心」「自発率先」「協調」「報恩感謝」「誠実」「初志貫徹」「寛容と思いやり」「忍耐」「廉恥」「信頼」「自衛官の心構え」などの資質教育に多くの時間を費やしていた。また若くして陸曹となるために常日頃から人の上に立つリーダーとして意識付けとリーダーシップ教育が行われた。

約40年前、中学卒業直後の弱冠15歳の我々新入生に対して自衛官としての教育に当たる生徒隊長（1等陸佐）が行った以下の教育が端的に表している。

「日本を守るためには国民の支援がなくてはならない。我々は国民からの絶対の信頼を得る努力が必要である。このため、一人前の自衛官である前に、立派な国民、社会人となれ。国民、社会人として常々良識を持たなければならない。

また立派な国民、社会人としての心構えの上に自衛官としての使命感を備え、自衛官としての堅固な思想を持つことが重要である。自衛隊員であるという意識が大切である。

自衛隊生徒である前に自衛官である。自衛官は国防という崇高な職務であり、使命に燃える自衛官となれ。加えて、部下の隊員を率いるリーダーとして真っ先に行動できるよう、教えられたことは確実に実行できるようにし、体力・気力を充実し、チームワークを養え。そうすれば必ずや立派な国民、社会人、陸曹となることができるであろう」

『規則正しい全寮制の集団生活』

イギリスの紳士・淑女を養成するパブリック・スクールは未だに寄宿舎生活も多く、「Manner makes man.」（作法は人を作る）が実践されていると言う。個室が当たり前の現在の感覚では一部屋10名近くの寮での集団生活は、単なる息苦しい環境と思いがちだが、営内での規則正しい集団生活により人として、リーダーとして必要な情操豊かで逞しい人間性を養うことができ、また同期の絆も大いに深めることができた。防衛大学校校長であった槇智雄氏は「学生舎の生活には、規律があり、放縦と気儘に振る舞う意味での自由は制約され、規律と礼節は厳格に行わなければなりません。理性と尊い感情は重んじられ、服して権威を傷つけぬ慣行は伝統となって、これを生活の誇りとするに至るのであります。孤立孤独では得られない社会性と人間性を獲得して意義深い共同生活の環境が作られるのであります。しかもこの共同生活は個性を喪失させるものではなく、むしろ個人に自由を与え、自信と闘志を湧かせ、友情と愉快な雰囲気の中に生活を営ませるものであります」と述べているが、本校も同様である。

『成功体験、フェアプレー精神、チームワークが得られるクラブ活動』

3年間のカヌー部でのクラブ活動を振り返ると、小泉信三氏が言うように「練習は不可能を可能とする」「フェアプレーの精神」「チームワークと友」の3つの宝を得ることができた。

不可能であったことが可能となる貴重な成功体験のみならず、絶えず変化する己の限界を知り、自信を得た。またクラブ活動を通じて練習の効果を知り、練習の習慣づけの重要性を認識した。

最後に、最近の卒業生を見る限り、現在の高等工科学校においても日本一の高校、世界一の下士官学校としての遺伝子は確実に受け継がれていると認識している。

陸自武器学校長
千葉県出身

武山の教育から与えられたもの
ーリーダーシップとフォロワーシップそして同期の絆ー

第25期生　園田　孝由

はじめに

自衛隊の街、千歳に生まれ父親が元陸上自衛官（11特科連隊OB）であり、小学生の頃から自衛官希望で早く自衛官になりたいと自然と生徒を受験した。職種は出身地千歳に機甲師団があることから機甲科を希望し、生徒課程中期終了後は戦車教導隊に配属された。配属後の中隊長面接で生徒7期生のN1尉から面接の最後に「通信制大学に行け、命令だからな」と言われてしまい、「勉強嫌いだし、やっと部隊に配属になり自由になれると思ったのに……」と暗い気持ちになったことをいまだに覚えている。

しかし人生何が幸運となるか、そのお陰で大卒者対象の幹部候補生課程（U課程）に進む事ができた。戦車に乗ったし次はパイロット（野望なのか？無謀なのか？）にと思い航空自衛隊を受験し、幹部候補生課程修了後はパイロットコースに進むもジェット練習機であえなく不合格になった。その後は地上職に移り、情勢監視業務や情報業務に携わり、なんとか大過なく昨年7月に作戦情報隊司令（横田）を最終ポストとして定年退官を迎えた。

現在は福岡で再就職、民間企業でやっている。

武山の教育から与えられたもの

今回の投稿の依頼を受け、あの教育から何を得たのか、何を与えられたのかを考えてきた。考えた結果が題名にも書いた、「リーダーシップとフォロワーシップそして同期の絆」だと。

まず「リーダーシップとフォロワーシップ」である。大抵の教育ではリーダー教育とフォロワー教育を個別に実施している。同時に両方の教育を実施するのは非常に難しいと思う。しかし、その両方を教育し人を育てているのが武山の教育ではないか。使命感と規律心、1年生と2年生の実体験でフォロワーとしての資質を育て、更に若くして3曹、小部隊指揮官、そして3年生の実体験でリーダーとしての資質を高めているのが武山の教育ではないだろうか。そのため生徒出身者はいまの自分がその組織においてリーダー的役割を求められているのか、フォロワー的な役割を求められているのかを瞬時に判断し、直ちにその役割で組織に貢献ができる。また「リーダーからフォロワー」「フォロワーからリーダー」の切り替えも瞬時にできる希有な資質を持っている。

次ぎに「同期の絆」である。いままで「リーダーシップとフォロワーシップ」を語ってきて急に「同期の絆」とちょっと異質な話だなと思われる方もおられるのでは。

こじつけかもしれないがリーダーシップが上から下への作用、フォロワーシップが下から上への作用と考えると「同期の絆」は同期相互（水平）への作用と考えられる。昼間の授業だけでなく3年間の団体生活で同期生から助けられ、そして同期生を助けそんな毎日だったような気がする（私は助けられた方がはるかに多いのだが）。それが同期相互の信頼を作り、絆を強固なものとしたと考える。

自衛官としての使命感と規律心の教育、それと小部隊指揮官を目指す生徒の自立的な行動、更には全寮制であることで昼間の教育、訓練だけでなく全生活を通じての教育活動、それにより「リーダーシップとフォロワーシップそして同期の絆」を教えられ育てられたのが「武山の教育」と言えるのではないだろうか。

桜友会（おうゆうかい）と碧会（あおいかい）

今回、投稿依頼が来たのは航空自衛隊転官者（変わり種）との事だと思うので航空生徒同窓会の「碧会」についても記述する。

結論から申し上げると空生徒の熊谷での教育と陸生徒の武山での教育に大差は無く同じ

資質を持つ者が育っている。そのお陰で碧会に抵抗なくなじむ事ができた。また碧会も受け入れてくれた。空自部隊での勤務では碧会の先輩に助けられ、後輩にも支えられ、同期生（空25期生徒）とは立場を尊重しつつ忌憚のない意見を交わすことができた。

桜友会と碧会の双方に交われて本当に良かった。唯一残念なことは、空自がこの生徒制度を廃止したことである。当時の議論は振り返らないが、非常に優秀な隊員を育てる制度を廃止したことは本当に残念な事だ。空生徒同期の25期を例に説明すると、生徒に入隊したのが63名、で3年修了者が48名だった。3年修了後、防衛大学校へ3名、海空の航空学生に9名が進み、部隊勤務を経て一般幹部（U）課程に2名、部内幹部（I）課程に12名が進み、更に指揮幕僚課程（CGSに相当）に7名、高級幹部課程（AGSに相当）に5名が進んでいる。これらの結果を見ても優秀な隊員を育成する制度であったことが証明される。

益々隊員の募集が厳しくなる昨今、今後も陸自生徒卒業生が活躍し「やはり生徒制度は重要かつ必要だ」と思わせ、海空自生徒制度の復活につながることを願っている。

毎月の同期会

毎月25日（曜日関係なく）は福岡、佐賀などに住む同期で同期会をやっている。

アルバイトの若者から「今日は何の集まりですか？」と聞かれてアラカンのオヤジが「高校

の同窓会ですよ」と自嘲気味に答え、アルバイトの若者からは「40年も続くのだ……」と驚きの（あるいは羨望？）表情で見られている。いつまで続くかわからないが武山の教育で与えられた「同期の絆」で「15の魂、百まで」を目指して頑張りたい。

元空自作戦情報隊司令
北海道出身

培ったこと、伝えたかったこと

第25期生　草野　誠

少年工科学校時代

子どもの頃、自宅の近くに陸上自衛隊の駐屯地と海上自衛隊の航空基地があり、その影響から興味があった。中学3年生の時、陸・海両方の創立記念行事を見に行った。そこで当時の地方連絡部の自衛官から誘われたのがきっかけで、少年工科学校を受験した。自宅の経済的な面からも、両親と担任の先生が賛成してくれた。本校に入校すると、全国から集まった15〜16歳の同期生が約250名いて、同室には出身地が福島、千葉、静岡、岡山、高知、福岡、熊本の7名の同期と三重出身の3年生（模範生徒）が1名いた。話す方言がすべて違って、面白がっていたが、しばらくするとホームシックになりかけた。しかし、寝食を共にするうちにすぐに慣れて、とても良い仲間になった。

卒業するまでの3年間で同室の仲間は変わっていったが、その分友達は増えていき、卒業時には同期生の半分くらいは仲良くなっていた。

ここの3年間は、昼間の勉強、クラブ活動、訓練の他、朝晩の集団生活で息をつく暇もないくらい忙しかった。朝6時に起床してすぐに着替えて点呼、間稽古という名の体力練成、ベッドメイク、朝食、洗面、制服に着替えて朝礼、その後やっと授業が始まるのである。

3年間の学習は、国語が現代文・古文・漢文、数学は数Ⅰ・数ⅡB・数Ⅲ、理科は物理・生物・化学・地学、社会は世界史・日本史・倫社、英語はリーダー・グラマー、そして保健体育、書道も習った。かなりの勉強量だったが、高校教諭の資格を保有する教官が熱心に教えてくれた。3年時には専門学として電子を専攻した。こちらは自衛官の教官が丁寧に教えてくれた。また授業の合間には自衛隊の訓練も相当な時間行われた。

授業が終わるとクラブ活動であった。ラグビー部に所属していたが、3年生になっても、なかなかレギュラーにはなれなかった。体力も学力も学年の中の上くらいで、元気はあったが、それほど目立つ存在でもなかった。

ところが、この3年間で培われた体力・気力と学力が、自分が思っていた以上に高いレベルであったことを、卒業してから徐々に理解した。また同期生とのつながりがこれほど心強く有難いものだということも卒業してから感じたことである。それは、卒業後、配置された戦車大隊において、最初の年に最優秀砲手になったこと。持続走、銃剣道、射撃等の各種競技会において、選手要員として合宿に入り、それなりの活躍ができたことで感じることができた。数年後、20代半ばには幹部候補生の試験に合格できたのも少年工科学校で培った体力・気力と学力があったからこそである。その際には、生徒の同期が一緒になって合格を目指し、励ましあっていたことが大きな力となったのも事実である。30代半ばには、防衛大学校卒の幹部自衛官でも約半数しか合格しない指揮幕僚課程（CGS）にも合格した。

その後は部隊指揮官として戦車中隊長や偵察隊長を経験、国際貢献活動（PKO）にも参加した。陸上幕僚監部勤務間に米陸軍との仕事をしていたのがきっかけで、米陸軍から功労賞として勲章まで頂くこともできた。これらは自慢話ではなく、本校で培った教育がいかに素晴らしいものであったかを証明する事実である。

高等工科学校時代

自衛官としての最後の勤務は、少年工科学校から改編された高等工科学校の生徒隊長であった。そこでは、時代こそ変わったが、15~18歳の若者が溌剌として、忙しそうに学校中を走り回ったり、勉学に励んだりしていた。学校には学校長をはじめとして、副校長、企画室、総務部の学校本部職員の他、教育部や生徒隊には、防衛教官と呼ばれる高校教諭の資格を保有した先生や教育隊長、区隊長、付陸曹と呼ばれる自衛官の職員が大勢揃って生徒を教育・善導している。自分が生徒の時には、これほど多くの人が生徒の育成に携わり、家族同様に接してくれていたとは知らなかった。

生徒は時には羽目を外す者もいるが、親から預かった子どもたちであるので、すべての学校職員は親代わりとして、厳しくも温かい目で見守り、善導している。

学校職員は、朝は生徒が起床する6時前には出勤して、朝の健康状態を把握し、間稽古を監督して、具合が悪くなる生徒がいないか目を光らせ、授業時間は教員資格を保有する教官がしっかり授業を行うと共に、生徒の学習相談にのり、訓練の時間は自衛官の区隊長等が、生徒が卒業後に少しでも苦労しなくて済むように、自衛官として必要なあらゆることを、手とり足とり教育し、クラブ活動時間には監督やコーチとして、生徒が懸命に強くなろうとする姿を見て、共に汗を流しながら叱咤激励し、悩みを抱える生徒がいるときには、夜遅くまで話を聞いたり、親に連絡・相談したりして、問題を解決するために奔走しているのである。

短い勤務期間であったが、生徒たちには同期生の大切さ、高校生としての勉強の重要性、クラブ活動に真剣に取り組まなければ感じられない青春の実感、あらゆることに前向きに取り組む姿勢の尊さを、生徒隊長通信（メール新聞）や朝礼時の訓話等を通じて伝えてきた。

彼らは卒業後、必ず私と同じように、高等工科学校の教育が自分を成長させてくれる素晴らしいものであったと感じてくれることであろう。

現在の若者に知ってもらいたいこと

若い時の規律正しい集団生活では、人生を通して信頼できる心強い仲間を得られると共に、自分に自信が持てる体力・気力と学力を養うことができる貴重な環境である。

高等工科学校と同様に全寮制の中等教育学校の存在が見直されつつある昨今は喜ばしいことである。

仲間と共に規律正しい生活を経験した若者が卒業後に、それぞれの夢に向かって大きく羽ばたくための素地を身につけることができるというのは明白であろう。

元高等工科学校生徒隊長
千葉県出身

ここの教育について

第27期生　山田 孝司

昭和56年、少年工科学校に入校し、27期生として卒業した。

また6歳離れている兄も、同時に一般隊員として同じ年に陸上自衛隊に入隊し、普通科で2任期の勤務を経験した。３人兄妹の男二人が自衛隊の勤務経験者である。

父親が横須賀にもこんな学校があると話を持ちかけたのがきっかけで、まさか中学生の自分が自衛隊とは思いもしなかったし、その年の受験は見事に不合格だった。

高校へ進学するときは建築科の道へと考えていたが、もう一度少年工科学校を挑戦してみると決め、普通科高校へ通いながら本校の受験対策をした。全国から受験して来るので競争率は高く、自衛官を目指す学生たちの事を考えると毎日が気を抜けない1年間であった。

結果は合格で、自分の受験番号があった、あの時は本当に嬉しかった。しかし何百人もの人が受験をし、京都府でたったの８人だけとは、本当に狭き門であると痛感した。

入校し、本校も職種によっては、いろんな仕事ができるように書かれていた。

土木・測量科へ進み、自衛隊で施設科職種へ行こうと決めた。

この時代は未成年でありながら階級があり、その階級に応じて手当をもらっていたのである。手当の使い道はそれぞれで、町で買い物する者、休暇で旅行するもの、クラブ合宿参加等で休みが削られる者、中には家に仕送りをしている者もいた。生活に必要なものは貸与され、必要な物は下着のシャツ・パンツくらいだった。生徒の生活は団体生活を育てるので、自衛官として規律は厳しく躾けられた。その生活がいやで途中で辞める者もいた。しかし、最初の1年間が頑張りどころである。3年生になれば皆が天下だと信じていた。体育クラブはラグビー部で3年間、過ごした。血と汗と涙、そして感動を沢山経験させて貰った。自分はラグビーを通して、つらい生徒生活を乗り越え、またラグビーで教わった勇気と忠誠心、スポーツマンシップ、規律、チームワークで、自衛隊訓練・競技会などを楽しく乗り越えて行けたのだと考えている。当時は何でこんなにやる事が多いのだと思っていたが、いま思えば少工校も文武両道の精神で教育をされていたのだ。またその我々生徒の為に、ご尽力して頂いていた学校職員・教官の方たちにも大変お世話になった。学業がおぼつかない私を見捨てることなく、最後までご指導を受け、すべての職員の方々から励ましを受けた。

自衛隊で11年間勤務し、現在は社会人として建築業を営んでおり、自衛隊で身に付けた精神力と施設魂を糧に日々頑張っている。その私にも二人の子ども、娘と息子ができた。

息子が小学6年生頃から徐々に、自分が自慢できる、高等工科学校への入学を精一杯に進めた。半ば洗脳された息子本人も、諦めムード気味だったが、受験が近づくにつれ、だんだんとやる気が出て来たのか進んで塾へ通う様になり、先生方と共に、本校の過去問対策をやっていた。そして無事に合格できた。本人も京都地方本部の合格者掲示板を見て大変喜んでいた。家族全員、当然ながら、父も大喜びである。しかし、いざ横須賀に行かせると、昔の自分自身の事を思い出し、いまはいない息子の部屋に立ち、かわいそうなことをしたのではないかと罪悪感すら感じた。そう思いつつも絶対に良い学校であり、間違いないと確信し、横須賀の本校の方向を向き、妻と一緒に頑張れ、とエールを送り続けた。不思議な事に、息子もラグビー部に入部し、職種は施設科を希望した。子どもというのは親の言葉や背中を見ているのだ、という事がようやく分かった。息子は、今年卒業をして、好きなラグビーができる東北の施設部隊へ配属になった。

改めて親子共々、3年間の学力・体力・技術力・精神力・団結力を身に付けて育ててくれた、少年工科学校（現／高等工科学校）に感謝している。

建築会社経営
京都府出身

この教育で身についたこと

第28期生　佐藤 信知

少年工科学校で学んだ自衛官として、人間として生きていく上で重要な3つのことを紹介する。

やればできるという自信

わずか15歳にして親元を離れ、慣れない集団生活を送り、特に入校後3か月は、模範生徒と呼ばれる3年生にそれは厳しく鍛えられた。模範生徒は、新入生と起居を共にし、何事も率先垂範をもって我々を指導してくれた。体力差、経験の差があるとは言え、模範生徒自身も同じことをやっているので、文句も言えず、ただただ付いていくのがやっとだった。

しかしながら、効果は如実に表れる。例えば、入校時には1～2回しかできなかった懸垂も、秋の体力検定時には、小隊（クラス）全員が20回以上、できるようになっていた。身の回りの雑事も短時間で要領よく熟せるようにもなった。連帯責任を含む厳しい指導のお陰で3か月経つ頃には、20分程度で食事、入浴、洗濯、ベッドメイク、靴磨きを終わらせて集合ができる程になった。到底できるとは思えない困難なことでさえも「やればできるんだ」という確信と自信を持つことができるようになった。

規則正しい生活と時間管理能力

6時の起床から22時の消灯まで授業や訓練の時間割だけでなく、食事や清掃、自習時間まで細かくタイムスケジュールが定められていた。たとえやる気が起きなくても、自習時間には机に向かわねばならず、これは、当時の成績向上に繋がっただけではなく、その後の学習等の習慣に大きく影響を与えた。逆に試験勉強や課題に追われ、いくら勉強を続けたくても、消灯延期が許されるのは、2時間程度(24時まで)。限られた時間の中で、優先順位と各々の完成度を見据えて、ひたすらに取り組む。この経験から得られた思考や技能は、学習のみならず卒業後の職務等において大きく役立ったことは言うまでもない。

同期生S君から学んだ人間としての在り方

少年工科学校では富士山の麓の演習場での野外訓練があった。訓練自体も厳しかったが、それ以上に思い出されるのは喉の渇きだ。当時、現地の水道水は飲料に適しておらず、飲料物は、食事等の際にお茶や水と共に牛乳やジュースなどが支給された。己の喉の渇きに耐え切れず、他人の物を失敬する者がいたのだろう。最後になると不足して手に入らない生徒がいた。私などは、自分自身のものを確保し、それを貪るように飲むのが常だったが、S君は、自らの支給品を度々、手にできなかった同期生に譲っていた。余っているものを他人に譲るのは容易いけれど、自らも強く欲するもの、特に生理的に渇望するものを、その欲望を抑えて他人に譲ることは、本当に困難でかつ尊いものだと感じた。35年以上、彼を目標に生きているが、未だ彼と同じことができる自信はない。

少年工科学校の生活は、はっきり言って厳しかった。しかし、その環境とS君をはじめとする素晴らしい同期生、先輩、後輩そして職員のお陰で、前述の3項目をはじめ多くの貴重な学びを得ることができた。易きに流れやすい人間にとって強制力は必要。その強制力が個人では乗り越えられない困難を乗り越える原動力の一つとなり、その乗り越えた結果が自信となり、乗り越えた困難が大きければ大きいほど自信も大きくなる。人生で必要なものはすべてとは申さないが、人生を生きていく大きな糧となる気力、体力、思考力を体得する機会を与えられた少年工科学校に心から感謝している。そのお陰で防衛大学校に進学、幹部航空自衛官に任官し、戦闘機操縦士、飛行隊長、幕僚、そして戦闘航空団司令として勤められている。

航空幕僚監部監理監察官
神奈川県出身

この教育を振り返って

第53期生　佐々木 俊介

はじめに

第53期生として本校卒業すると同時に陸上自衛隊を退職し、浪人生活を経て長野県にある信州大学、同大学院に進学をした。大学・大学院ではスポーツ科学を中心に研究をしていたが、教育学部に所属していたこともあり、教育についても多くのことを学んだ。少年工科学校を卒業してこのような進路を辿ることは稀有。少年工科学校での学びを振り返ると共に、本校の教育について振り返る良い機会となります。

本校での学び

本校は防衛省管轄の全寮制の学校である。7~8人の部屋に寝泊まりをし、プライベートはほぼない。上下関係も厳しく上級生や上官とすれ違うときは毎回敬礼をする。また清掃ができていなかったり、部屋の整理整頓ができていないと上官から酷く叱られることもある。このような話をすると「厳しい」「辛そう」などのネガティブな言葉が浮かぶかもしれない。しかし、厳しい中で同じ釜の飯を食べた同期は一生の友であり、卒業後の現在でも会えば懐かしい思い出に花が咲く。また私は少年工科学校の生活の中でいまの生活に通ずる多くの学びを得た。多くは日々の上官の指導によるものだったが、その指導の中で特に印象に残っている言葉がある。今回はその言葉と共に少年工科学校での学びについて振り返りたい。

「信頼を築くのは時間がかかるが失うのは一瞬」

これは1年生の時、恐らく入校して半年以上が過ぎた頃だった。同期があるルールを破り、区隊（学校でいうクラス）全員で強く指導をされた時に言われた言葉である。日々の生活の中で少しずつ築いていた信頼関係が規則を破ることによって一瞬で崩れるということを指導された。

日々生活をする中で、信頼関係が築かれているということは仕事をする上でも、友人と関わりでもあらゆる場面で大切なことだと考えている。ちょっとした気遣いや言葉の選び方などの積み重ねが、時間が経つと大きな信頼を得ることにつながると感じている。

浪人時代、新聞奨学生という制度を利用し予備校に通っていた。この制度は新聞配達をするかわりに予備校の学費を新聞社から補助を受ける制度である。実家が北海道の田舎で予備校に通うことが難しかったため、新聞店に住み込みで生活し東京にある予備校に通った。少年工科学校では前期生徒会長も務めており、周囲から少なからずある程度の信頼を得て生活をできている実感があった。従って当時は卒業後の新聞店でも同様の信頼を得られるものだと勝手に思っていた。しかし、住む世界が変われればこれまでの成績や信頼は全く意味をなさないということを新聞奨学生をするなかで学んだ。自衛隊でどうだったのかということは新聞店では全く関係がない。ただの浪人生であり、どれだけ仕事ができるのか、どんな人なのかを相手に理解してもらい、信頼を得るにはまた一からいろいろなことを積み重ねなければならないのだとそのとき気づいた。幸いに周囲の環境や人に恵まれ充実した浪人生活を送ることができたが、信頼を築くことの大変さを実感した1年でもあった。

人との信頼を築くのは自分が考えているよりも大変なことだと考えている。この言葉通り信頼を築くために行動できているか、分かりかねるところもあるが日々自分を振り返るときにこの言葉がつねに支えになっている。

「損得ではなく善悪で物事を考える」

これは当時の学校長講話でお聞きした言葉である。失礼ながら他の話はあまり記憶にないのだが、この言葉だけは頭に強く残っている。例えば何か頼まれごとをしたとき、「これをしたらなにか得をするか」「ただの時間の無駄（損をしてしまう）ではないか」など善悪の前に損得が先に判断の材料になってしまいがち。そのような時に学校長講話で聞いた「損得ではなく善悪で物事を考える」という言葉がいつも頭に浮かぶ。自分という枠を超えてこの行動をするのは善いのか、悪いのかで物事を判断し行動していると自然と物事は良い方向へ進んでいく。大なり小なり、何か判断に迫られた時、この言葉が頭に浮かび、物事を決める大きな支えになっている大切な言葉である。

まとめにかえて

本校の生活でいまでも支えになっている二つの言葉を紹介した。厳しくも楽しい充実した生活の中で、日々、上官や教官から沢山の指導を受けて過ごした高校3年間はいまの基礎を作った3年間といっても過言ではない。日々、上官から生活面の指導をされるということは通常の高校生では経験し得ない。自衛隊を退職し、まだ何も成し得ていない身だが、今後本校で得た経験を基に、自衛隊とは別の形で社会に貢献できるよう努めていく。

自衛隊を退職し生活する中で、一般にまだ本校（現／高等工科学校）への認知は少ないと感じる。今回の寄稿がその一助になれば幸いである。

トレーニング指導者（フリーランス）
北海道出身

伝統編

「伝統編」とは、各寄稿者が経験した少年工科学校内の伝統的な教育訓練、日常生活、部活動、生徒間の絆等の様子を書き下ろした文を編集したものである。

15期ラグビー部で学んだこと

第15期生　原口　和博

昭和46年少年工科学校3年の夏は、ラグビー部合宿のため長野県「菅平」にいた。

ラグビー部は、少年工科学校の伝統のクラブであり、毎年12月に陸、海、空自衛隊のラグビー対抗戦が「東京秩父の宮ラグビー場」で行われる。陸上自衛隊の期待を背負い、常に勝利を求められる。そのためラグビー部は特別扱いされることがあった。（ラグビーは自衛隊の奨励種目として積極的に行われている。海外の軍隊でも行われ、現在国際大会も開催されている）。前年は久しぶりの優勝だったが、15期生は誰も満足していなかった。十分な準備ができていたとは感じていなかったからである。結果はともかく満足できる試合ができるようになるため、連日汗と泥にまみれながらボールと格闘していた。

中学校3年の12月、教室の掲示板に少年工科学校の入学案内が紹介された。先輩が2年前に入学され地域で評判になっており、「行きたい」「行くべき」「行かなければ」と勝手に受験することを決めた。無事に合格し、家族や仲間に見送られ、3月に入校した。方言の強い鹿児島弁は中々抜けず、学校での生活は話すより聞くことが中心だったが、寝食を共にしながら少年工科学校での生活のあり方を、丁寧に指導してくださった13期の指導生徒の教えで、いつの間にかなじんでいた。いままでに経験の無い集団生活は勿論だが、厳しい訓練などうまくできず何度も失敗した。お互い励まし合ったり教えあったりして前向きにとらえることはあっても、苦に感じることはなかった。教育隊単位の「行軍」「富士登山」「遠泳」では、自然にパートナー同士気遣い、助け合う状況ができ、私の区隊は落伍者もなく全員で目的が達成できた。まさに「One for all, All for one」「一人はみんなのために、みんなは一つの目的のために」が体現できた。

日々の訓練の成果で体力的な自信が付いた頃には、少年工科学校の生活も快適で楽しく感じられるようになり多少の余裕が生まれ、将来を展望することもできるようになった。

中期学校の選択時にはラグビー部の仲間と継続できるような職種や学校を考えていた。菅平はラグビーの聖地だけあって練習試合の対戦相手に不自由はない。連日全国大会の常連校や社会人チームなどと、激しく体をぶつけ合っていた。感触は悪くなかった。

これまでの練習や考え方は間違っていないし、更に高めていくことをみんなで確認することができた。チームのムードも高まり、休日の練習や遠征で不平をこぼすことなくみんなと一緒に練習できることが楽しく感じられた。

中央大会が近づいてくると練習時間が延長され、夕食は特別延長だった。激しい練習が終わるとグランドに倒れ込むこともあったが、充実感を持てた。陸上自衛隊の代表として大会に参加できる誇りと勝つために一所懸命に練習した充実感である。

中央大会では緊張したが優勝し目的は達成できた。

ラグビーを更に追求したくて、少年工科学校卒業後はラグビーの強豪と言われる大学に進学したが、本校で味わった充実感は得られなかった。

大学卒業後は神奈川県で中学校教諭として勤務した。中学校にラグビー部はない。しかし「One for all, All for one」の精神は日常的な関わりの中で中学生に伝わっていたようである。「誰が優秀かを決めるのではなく、一人ひとりが役割をきちんと果たしながら、一つの目的に向かって活動し、お互いリスペクトし合い、フォローしていくということが大切であるということが」

15期同期会（いちご会）が東部では毎年11月第4土曜日に開催される。60才を超えてから各方面で「全国いちご会」を持ち回りで開催している。西部の熊本、北部の札幌、中部の伊勢、東北の仙台、一昨年は東部の横須賀で2日目に高等工科学校を訪問した。隊舎内見学、食堂での昼食など、すっかり50年前の顔に戻っていた。

元中学校教師
鹿児島県出身

ラグビー部の思い出

第17期生　吉永　春雄

昭和46年4月に武山駐屯地にある少年工科学校に「自衛隊生徒」として入校した。熊本県の田舎の出身で世間知らずには見るもの、聞くもの初めてであり、驚きの連続だった。入校当初は、朝から晩まで分刻みの時間に追いかけられ、自由時間が無い生活に慣れるのに苦労した。本校の英語の略称はＹＴＳ（Youth Technical School）と呼ばれていたが、1年生の時は「横須賀武山少年院」の方がピッタシだ。

本校入校間には様々な思い出があり、何を書こうかと迷った。一部屋20人の全寮生活か、睡魔との戦いに苦戦した授業風景か、東富士演習場での野営訓練か。やはり最も印象に残っているのは、本校の伝統クラブであるラグビー部員としての3年間の思い出である。

ラグビーというスポーツとの出会いが、私の人生を大きく変えたと言っても過言ではない。まずラグビーの練習によって、走ることのコンプレックスから解放され、逆に自信を持つことができた。中学生3年生までは走ることは大嫌いだった。運動会の百メートルの徒競争や校内マラソン大会では、いつも最下位を争っていた。走ることを好きになり、自信を持てるようになったのは、ラグビー部の濃密な練習のおかげでである。いまでもジョギングが趣味で、昨年の東京マラソンには62歳で参加し、42㎞を4時間ちょっとで完走できた。

ラグビー部に入った動機は、勿論脚力を鍛えたいという希望があったが、当時、ラグビー部員は「不寝番」勤務を免除されていたため、その特典に浴したいという不純なものもあった。不寝番というのは、生徒が居住する隊舎内の消灯時刻から起床時刻までの夜間に、2名1組の1時間交代で、各隊舎の警備を担当する特別勤務者だ。熟睡中の真夜中に、突然懐中電灯で顔を照らされて、「おい、起きろ、交代だ」などと起こされるのがとても嫌だった。不寝番を免除されたことで、睡眠による疲労回復が妨害されなくなって、とてもありがたかった。

ところがラグビーの練習は、想像を絶するほどハードだった。なぜなら毎年12月に秩父宮ラグビー場で、方面隊対抗のラグビー競技会と共に、陸海空3自衛隊生徒の競技会が開催されていて、ラグビー部は少工校の名誉をかけて優勝を目指していた。だからラグビー部だけ不寝番勤務を免除されていたのである。毎日、全国の強豪校並みの猛練習に明け暮れていた。土日には、首都圏の強豪校や近くの防衛大ラグビー部と練習試合を行い、互角の試合をしていた。ラグビーの練習が終わるとへとへとの状態である。また土日も練習や試合が多くて自由な外出もできず、様々な理由で退部する部員もいた。

8月の夏休みには、長野県の菅平というラグビー合宿のメッカで、2年生と3年生は1週間の夏合宿に参加する。その合宿中の集中的な練習で徹底的に鍛えられ、肉体的にも精神的にも逞しくなった。その初めての過酷な合宿を無事に終了した時の喜びや達成感は、いまでもはっきり覚えている。ラグビーを通じて学んだことは、その後の40年近くの自衛官勤務の基盤になっていて、貴重な体験をした。

辛い思い出としては、けがに悩まされた。激しい運動だから、生傷が絶えることはない。武山駐屯地の健康管理室や医務室には随分お世話になった。3年生の時は、左肩を数回脱臼して、その度に3週間は練習ができなくなった。その時は退部したいと迷ったが、部の先輩や同期の励ましで何とか3年間継続できた。

ところでラグビーをやっていて良かったことがもう一つある。「人間万事塞翁が馬」。人間の禍福は変転し定まりのないものだというたとえである。3年生の卒業する2か月前に、癖になった肩関節脱臼の手術をするために、自衛隊の中央病院に入院した。その入院中に奇跡の出会いがあった。当時「中央病院高等看護学院」の実習生（2年生）が整形外科病棟に来ていた。その中の一人の学生が声をかけてくれたのだ。そして驚くことに、彼女は私の中学校時代の校長先生の長女だということがわかった。それがきっかけで、本校卒業後、熊本の校長先生の自宅を訪問し、そこで私の妻となる次女と出会ったのだ。人生とは不思議なものである。

ラグビーの基本的な精神で「ワン・フォア・オール、オール・フォア・ワン（一人はみんなのために、みんなは一人のために）」という有名な言葉がある。プレーヤーはチームの勝利のために全力を尽くす、トライ（得点）をあげる一人の選手にボールをつなぐため、その他の選手は果敢なタックルやラック、モールへの加入、フォローなどでサポートする。

最近の若者は個人主義的傾向が強く、統制や束縛を嫌い、集団生活や濃密な人間関係が苦手であると言われる。一方、ラグビープレーヤーは、息の合ったスクラムやラインアウト、捨て身のタックル、正確なパスなどボールをつなぐ徹底したチームプレーを繰り返す。

このためラグビーの練習を通じて、チームの一員として必要な協調性、意思疎通力、自己犠牲の精神が涵養される。「見返りを求めず、仲間のために無心で頑張る」という体験は、とても貴重である。様々な体格の選手が激しく体をぶつけ合うラグビーは、ボールゲームの格闘技と言われ、審判の判定には絶対服従する規律心が必要とされる。また試合が終われば敵味方関係なく相手をたたえ合う「ノーサイド」と言うフェアプレー精神が発揮され、日本の武士道精神のような奥深さを感じる。

英国の名門私立校パブリックスクールでは、教育的見地からラグビーが取り入れられてきた。日本の学校教育においても、もっとラグビーを積極的に取り入れて、社会性ある人材の養成に活用して頂きたい、そして日本でもラグビーが国民的なスポーツとしてもっと盛んになってもらいたい。

元陸自通信団副団長
熊本県出身

ここの教育について

第18期生　熊岡 弘志

私の礎

〝希望に燃えて溌剌と　高なる血潮胸に秘め
　ここ武山に集い来て　心と技を鍛えつつ
　いざもろともに励まなむ　我等は少年自衛隊〟

防衛省・自衛隊で40有余年勤務し、定年退職後は民間企業で6年が過ぎたが、少年工科学校の校歌を聴くと懐かしい当時のいろいろな思いが蘇る。

これまでの間、出会った皆様から公私にわたるご指導ご厚情を賜り、充実した勤務ができたことに感謝しているが、その礎となったのは、本校で3年間、陸上自衛官として必要な基礎的事項や一般高校の学科教育などを受けたこと、そして、全国各地から武山に集まり起居を共にした第18期の仲間と出会ったことであり、いまがあるのは、この3年間の教育と同期生との繋がりであったと自負している。

卒業生として、学校生活の思い出、同期生・同窓生や学校との繋がり、そして高等工科学校への期待などを述べる。

学校生活の思い出

中学を卒業した15、16歳の男子には、起床から消灯まで日課に基づく慣れない集団生活、自衛官・高校生としての教育クラブ活動など時間に追われた忙しい生活であり、入校当初はホームシックのような感覚になったこともあった。将来の希望と不安を抱きつつも、いつの間にか生活に慣れ、自分一人ではなく周りに仲間がいることを感じ、励まし合い、時には意見の相違から喧嘩をすることもあったが、多感な時期の3年間を過ごせたことは、卒業後に自衛官として勤めて行く上で大きな自信になっていた。

着校、入校式、普通学・専門学の授業、クラブの練習・対外試合、校外教育、水泳訓練、露営訓練、音楽まつり、寒稽古、持久走大会、行進訓練、射撃訓練、近畿地区部隊等見学実習、東富士野営訓練、中央式典、基礎電子課程、卒業式など多くの思い出がある。

18期としては、3年時の昭和49年7月、台風・集中豪雨による災害に際し、横須賀市内への災害派遣があった。半日だったが、自衛隊生徒としては初めてであった。区隊は、衣笠の老人ホームの傍において、作業服、半長靴、中帽でエンピを使って土砂の除去作業を行い、その休憩時に食べた差し入れのおにぎりがおいしかったことをいまでも鮮明に覚えている。

同期生・同窓生との繋がり

自衛隊にはいろいろな同期生会があり、防大学生、幹部候補生学校など出身期別、職種、各種入校課程など、その度に同期生会が結成され会合などに参加している。

その中で一番絆が強いのは、初めて自衛隊生活を共にした本校生徒の同期生会であり、またその同窓会である桜友会は、生涯忘れられない繋がりの場となっている。

最初の部隊勤務は、幹部候補生学校を修了後、昭和54年10月からの第2師団補給隊だった。隊に生徒出身の隊員はいなかったが着隊間もなく隣の武器隊の後輩生徒が「桜友」を持って挨拶に（会費も徴収に）来てくれたこと、同隊の17期のクラブの先輩と再会・激励を受けたこと、また旭川駐屯地桜友会の懇親会において、各部隊で活躍している先輩・後輩と親睦を深めたことなど同窓生の繋がりの深さを感じたことは懐かしい思い出である。

各部隊等では、同じ駐屯地の同期生、近くに住む退職した同期生が集り、親交を深め、節目周年時には全国から集まり、昔話で懐かしみ、その後の成長ぶりをお互いに確認し合い、再会を約束する等、繋がりを保ってきた。

最近では平成28年11月の生徒入隊45周年還暦の集いがあり、総会、懇親会、高等工科学校訪問など同期生との再会・親睦を深める良い機会だった。今回で全体として集まる会合は最後になることから、今後の同期生間の繋がりを保つため、同期生会（一八期会：いっぱちかい）会則、同期生会個人情報取扱規則を制定し、更に情報交換の場となるホームページの開設・運営の基盤を整備した。一八期会ホームページは今日も運営されている。

学校との繋がり

母校での勤務はなかったが、需品学校勤務時は同期生区隊長等の研修支援、陸幕勤務時は給与室で先輩生徒と一緒に陸・海・空自衛隊生徒教官の給与制度改善、需品学校主任教官時は家庭科等教官の需品整備や給養の特技課程研修などを担当し、母校の充実発展に微力ながら携わった思い出がある。

また朝霞の研究本部勤務時には、駐屯地研修で来訪した教官との懇談、千僧（せんぞ）の後方支援連隊長時は、宝塚音楽学校研修の際に来隊した教官と連隊の生徒出身隊員との懇談の場を通じ、部隊勤務する生徒出身者の実情、母校への期待や思いを伝えることができた。

高等工科学校への期待

昭和30年に生徒制度が発足し、昭和38年から少年工科学校として教育が行われ、その後、時代の要請による生徒制度の変更に伴い、平成22年からは高等工科学校として新たな制度のもとでの教育が始まったが、校風の「明朗闊達」「質実剛健」「科学精神」「校歌」は継承され、生徒の期別も引き継がれたことは嬉しく、本校の良き伝統を継承した高等工科学校が益々充実発展されることを祈念している。

需品科職種の私にとって、需品科への生徒配置は悲願だったが、卒業生徒が11の職種で活躍できるようになり、需品学校に生徒陸曹候補生特技課程が設けられたことには感慨深いものがある。

陸上自衛隊の骨幹戦力は人である。高等工科学校と関連する職種学校には、今後とも人を大切にし、人を育てる集団で活躍できる創造力の豊かな生徒を育てていただけるよう期待している。

ミドリ安全株式会社常務理事

高知県出身

校歌が結ぶ生徒の絆
―ここの素晴らしさ―

第23期生　杉本 嘉章

「一目会ったその日から、恋の花咲くこともある。見知らぬあなたと、見知らぬあなたに……」、１９７７年４月、少年工科学校に入校した頃流行っていた恋愛バラエティ番組のキャッチフレーズ。卒業後校歌を歌う時、必ずこのフレーズが頭に浮かぶ。「初めまして23期の杉本です」初めて会った先輩と後輩、世代は違えども校歌を歌うと心が通じ結ばれる。「一目会ったその日から、校歌が結ぶ生徒の絆」

本校から高等工科学校へ。「身分、制服、教育カリキュラムが変わっても、校歌だけは変えてはならぬ」多くの先輩たちの思いが届く。校歌は残り「生徒の魂」はいまに受け継がれた。我が校歌は一番から四番まで一つのストーリーを成す。改めて校歌を読み、少年工科学校の教育はなぜ素晴らしいか？を考える。

「希望に燃えて溌剌と　高鳴る血潮胸に秘め　ここ武山に集い来て
心と技を鍛えつつ　いざ諸共に励まなむ　我等は少年自衛隊」

教育の質は、「教育を受ける者の大志」「教育に関わる者の熱意」「育てる環境」の三位一体、そのレベルにより決まる。横須賀市に所在する「陸上自衛官として将来の国防を担う人材を育成する日本に唯一の学校」、北は北海道・南は沖縄、全国津々浦々からそれぞれの思いを胸に武山に集いし若人。着校日朝、自宅から出発を迎えたその時、母曰く「嘉章、途中で挫けて帰って来ても、おまえがまたぐ敷居はないからね」この厳しき一言で入校の決意が固まった。母なりの息子を手放す覚悟の言葉。風の便りで母が次の日からショックで一週間寝込んだことを知る。涙が頬を伝う。「母に心配をかけぬよう頑張るぞ!」

武山に集うのは生徒のみならず、オール陸上自衛隊から選ばれしエリート自衛官。助教、区隊長、教育隊長、生徒隊長そして学校長。日本に数ある高校から教育理念に共鳴し、敢えて我が校を選ばれた文官教官。「鉄は熱いうちに打て」、武山において心身共に成長期にある生徒たちに文武両道の高いレベルの教育が施される。

「仰げば遥か富士の嶺　洋々寄する黒潮の　波静かなる相模湾
陽光燦と輝きて　意気高らかに健男児　我等は少年自衛隊」

三浦半島の一角、武山での恵まれた教育環境が「有為な人材」を育てる。一般教養、戦闘戦技、クラブ活動。「持久走8の字大会」下馬評では全く優勝候補にも挙がっていなかった

我が4教7区隊。人生の師・S区隊長（防大10期）の統率の下、大会当日ほぼ全員がベストタイムの力走。見事『優勝』、区隊全員で喜びを分かち合った。練武の地・武山において生徒は切磋琢磨し、「知徳体バランスの取れた健男児」へと育つ。

「鎌倉武士の功績を　しのぶ衣笠大楠の　山頂望み若人の
理想は高く道嶮し　友よ手をとり歩まなむ　我等は少年自衛隊」

いま在校生に「将来何になりたいか？」「将来の夢は？」と尋ねると「学校長になりたい」と普通に答えるそうだ。本校から高等工科学校を通じ、歴代学校長29名中6名の学校長が生徒出身者。朝礼台に登壇する先輩たる学校長、後輩たち生徒にとってこれほど大きく明確な目標はない。

向学心が旺盛な生徒、卒業生の約9割は最終的に幹部に任官し、幅広い分野で活躍する。幹部候補生学校第86期一般課程（U課程）男子79名中15名は生徒21期から24期までの卒業生。全員が工科学校卒業後、苦学して夜間大学・通信制大学を卒業し、久留米を目指した。

陸上自衛隊最高学府と言われる幹部学校。第40期指揮幕僚課程、同期学生80名中生徒出身者8名。なんと41期においては、17名の学生が生徒出身者と記憶している。

陸上幕僚監部勤務時代、約950名の勤務者の内、約110名が「桜友会名簿」に名を連ねた。過酷な陸幕勤務、膨大かつ多岐にわたる業務をこなす上で「生徒ネットワーク」にどれほど助けられたことか。

衣笠大楠の山頂望みし若人は、先輩の教え導き、同期の支え、後輩の後押しにより嶮しき道を乗り越える。武山で培われた「初志を貫徹する強き心」が自らの人生を切り拓く。

「風雨に耐えて健やかに　伸び育ちたる若桜　咲き出る色は変わるとも
　心は一つ日本の　御国の護りゆるぎなく　我等は少年自衛隊」

晴れの卒業式。職員・後輩たちと固い握手を交わし、肩を抱き寄せ、涙流しながら別れを告げる。全国陸海空の部隊、学校・機関、海外で多くの卒業生が活躍する。

イラク人道復興支援活動において業務支援隊第3科長として勤務。第4科長N2佐、広報官T2佐、会計幹部K2佐の22期生トリオ、クウェート分遣班長K2佐24期生（後の高等工科学校長）、第4次から6次復興支援群所属の多くの生徒出身者と共に酷暑地サマーワで任務を遂行。どんなことにも柔軟かつ的確に対応できる素質、陸曹経験を経て幹部へ任官した強みは、陸曹・陸士を束ねるリーダーシップ。群長、隊長たちの生徒出身者への信頼感、仕事に対する評価は極めて高かった。

第71戦車連隊長時代、主要幕僚たる第1科長K3佐24期、第2科長H3佐、第3科長M3佐の21期コンビ、第4科長Y3佐20期生、そして第3中隊長K3佐30期生が、機甲生徒隊「豆タン」出身初の戦車連隊長を支えてくれた。『生徒の固き絆』が部隊の骨幹を成す。

自衛隊勤務40年、最終ポスト・西部方面混成団長兼ねて相浦駐屯地司令職において、幸運にも生徒陸曹候補生課程の教育に関わる機会を得た。偶然にも教育担任官第5陸曹教育隊長O1佐、総務科長M3佐、教育班長S3佐は、我が同期23期生。4人の誓いは「我が母校・工科学校への最大限の感謝報恩の念を持ち、後輩のために最善を尽くそう!」。教育修了後の非常呼集「速やかに駐屯地(……)喫茶店(……)に集合!」。我々から後輩への最後の贈り物は「人気のチョコレートパフェ」。

現役最後の我がままは、相浦駐屯地創立61周年記念行事祝賀会にて、初代高等工科学校長Y15期生をはじめとする数多くの来賓卒業生、生徒たちと肩を組んで校歌を歌ったこと。

いま故郷・静岡県御殿場市役所にて「危機管理監」として防災行政、危機管理業務に従事し、「安心・安全の街づくり」に全力を尽くす。「咲き出でる色は変わるとも 心は一つ日本の……」高等工科学校の前途に幸多かれ、我が母校よ永遠に！「いざ諸共に励まなむ 我等は少年自衛隊」

元西部方面混成団長
静岡県出身

原点

第26期生　竹本竜司

目を瞑ると昭和55年4月、広島から上京して右も左もわからない中、横須賀市武山にある陸上自衛隊少年工科学校の門を潜った日を昨日のように思い出す。それから40年、自衛隊に対するイメージも国防に対する意識も曖昧だった自分が永きにわたり自衛隊に奉職できたのも、これまでのいろいろな人たちとの出会いと数々の職務と教育等での経験の積み重ねに支えられたものと改めて感じている。

なかでも自衛官の入り口であった本校の武山で過ごした三年間の教育と経験は、自らの自衛官像を形成する原点であったとの思いが強くなっている。中学を卒業し高校生になるといった多感な時期に、「明朗闊達」「質実剛健」「科学精神」の校風のなか、厳しい集団生活の下、「学業」「訓練」「営内服務」「部活」等、知力と体力のバランスのとれた教育を受けることができたのは自衛官、そして社会人として基礎を作るのに極めて有益であると共に、人としての人格形成にも少なからず影響を受けた。

自衛隊の教育は、本校に限らず非常にシステマティックであり、教育の目的を明確化し、目標を設定して到達基準を示し、これに達成すべく努力させる。ひとつの目標をクリアしたら更に次のステップへ段階的に目標設定を行い、それを逐次クリアする。この繰り返しにより最終的に全体としての教育目的を達成させるといったシステムが構築されていて、ひたすら目の前の目標の達成に集中することができた。この手法は学科、訓練共に基本的には共通するものであるが、特に訓練において顕著であり、教官、区隊長・助教等が課業内外を問わず四六時中目を配ることによりそれぞれが思い切って目標達成に挑戦できた。

当時の教官、区隊長、助教等の教育者側の使命感や任務意識、生徒教育への情熱も相当な熱量を感じた。特に、1年生の時の区隊長、助教は初めて本格的に出会う幹部、陸曹であり、その情熱溢れる教育姿勢やフォローミーの精神は、自衛官として、幹部や陸曹としてのあるべき姿を体現した見本として脳裏に刻まれており、師団長となったいまでも自分の一つの指標となっている。

雛が卵から孵る姿で内側から雛が殻を突いて生まれようとするのを親鳥が外から同時に殻を突いて生まれるのを促す様子を仏教用語で「啐啄同時（そったくどうじ）」というが、教官、区隊長、助教は四六時中生活を共にすることで「啐啄同時」により良いタイミングで成長に導いてくれたのではないか。この原体験が自衛隊の教育への絶対的な信頼に繋がり、以後、自衛官生活においても、まず目の前の目標を達成することに対して全力を傾注し努力することができた原点であり、後々の自らの任務意識や使命感の有りようにも大きく影響したものと思料する。

一方で、このような環境のなかで過ごした少年工科学校の3年間の教育・生活はかけがえのない同期生や同窓生の絆ができるものと認識している。それぞれ個々の感じ方は様々であるが、同じ環境下でメンタル、フィジカル共に苦しい状況の中で目標達成に挑み、教官、区隊長、助教、そして同期の力を借りて目標を達成して行くという共通の体験は、強い仲間意識を生み、信頼関係を育み、生徒出身者として絆が強く堅くなるもの。

全国各地で生徒ＯＢや学校関係者で集まる桜友会が開催されているが、これは正に武山の地で共に修練に励んだ共通の想い出がなせる技だ。

本校は高等工科学校と変遷を遂げたが、その原点は変わるものでなく、「明朗闊達」「質実剛健」「科学精神」の校風のなか、情熱溢れる教育陣の善導と目標に挑み続ける生徒たちの努力により、いまも武山の地で自衛官の卵がすくすくと育っていることを生徒ＯＢとして、また自衛官の先輩として期待している。

陸上幕僚副長
広島県出身

生徒制度の良き伝統とは

第29期生　松岡 隆祐

生徒制度の良き伝統とは、「同期の絆」と「先輩後輩の繋がり」ではないか。在学中、及び卒業後、公私共に幾度となく同期、先輩や後輩に支えられたこと桜友会を通じた交流も大きい。

少年工科学校に在籍した当時すべての学年が3個教育隊に分かれ、一つの教育隊の隊舎に1〜3学年各3個区隊が居住しており、また1〜2学年の居室に一人、班付生徒（1学年の4〜5月までは模範生徒として起居を共にし学校生活のイロハを指導、期間は上下半期に分け約6カ月）として3学年の先輩と一緒に生活していた。（現在は、学年別教育隊編成になっており、1学年＝第1教育隊、2学年＝第2教育隊、3学年＝第3教育隊という編成）

誰も知らない同期の皆が希望と不安を胸に門をくぐった着校日。

そこから始まった新たな少工校生活、最初は慣れないことも模範生徒の先輩に教わりながら、同期と助け合いその中でお互いを知り、次第に仲良くなり、慣れてきた頃に衝突したりと……。皆が成長し本音を言い合える仲間と出会ったと感じた1学年時代。

初めて後輩を迎えた2学年時代

1年間ここでの基本的な事項等を学び、要領を得たため「中弛みの2学年」と言われながらも同期と共に、中堅生徒として教育隊内の生活や学校行事、クラブ活動等を通じ先輩の指導に従い、後輩を弟のように教え善導する中で、同期や先輩後輩のとの繋がりが深くなった。

その中で、1，2学年時に生活を共にしてくれた班付の3学年の存在は非常に大きく、区隊長や付陸曹、親兄弟に話せない悩みなどを聞いてくれたり、学校生活をする上での要領等を教えて貰ったりと、「良き兄貴」として本当に面倒を見ていただいた。

そして、班付以外のクラブ活動や県人会等からの先輩たちからも可愛がられ、いつしかあのような先輩になりたいと願うようになった。

そして最上級生に進級すると同時に職種に直結する専門教育が開始され、銃剣道、戦闘戦技訓練等の部隊を意識した教育が多くなり、3等陸曹になるという現実が間近になるにつれ、同期と将来の夢や希望を語り合うようになった3学年。

また最上級生として先輩から受けた指導の良いところだけを真似て、優しい先輩として振る舞い後輩たちと接した。（実際に彼等がどのように感じたのかは未だ不明であるが……）

少工校を卒業し職種学校を経て3等陸曹に昇任したものの、期別は一つ上から一桁代の先輩が所属する部隊に配属となり、「桜友会1年生」として勤務を開始した。

その後の部隊勤務等において通常の恒常業務はもとより、各種訓練、災害派遣任務等のいろいろな場面で同期、先輩や後輩と関わり合い、生徒の繋がりが何らかの形でお互いが支えていたように感じている。現職、退職した同期共に「文明の利器」を頼りに連絡を取り合い未だ絆を深めている。

時は流れ学校名も「高等工科学校」と変わり、平成30年3月から母校で勤務している。隊舎や教場は当時の面影を残しているものの、そこで暮らす生徒たちを、我々とは違った環境で育ったのだということを日々の生活を見て肌で感じつつも、その時代に応じた形の「同期との絆」と「先輩後輩との繋がり」ということは何ら変わりなく脈々と受け継がれているなと、いろいろな場面で垣間見ることができ嬉しく思うと同時に、改めて生徒制度の良き伝統の一つではないか。

高等工科学校職員
京都府出身

この教育に感謝

第41期生　田中伸和

感謝！

洗濯・アイロンがけ、ベッドメイキングやったこともない15歳、社会人としての常識もない子どもを、19歳にして小部隊の指揮官、一人前の社会人に育ててくれた少年工科学校に感謝する。

いまの世の中の高校生に、洗濯、アイロン、ベットメイキング、自分の身の回りのこと、一緒に過ごす仲間との協調性……経験している子はほとんどいないだろう。「自分を磨ける場所がある」まさしく、それである。

当時の教育を振り返ると、思い出し笑いをしてしまうほど厳しくも楽しかった情景が浮かぶ。当時は、少年工科学校という名称の学校であり、自衛官という立場で勉学に励んでいた。学生というより自衛官を育てる教育であったため15～18歳の若者には厳しい環境だった。OBのほとんどが口をそろえて「同期に助けられ、同期がいたからこそ厳しい訓練・環境に耐え卒業できた」と言われる。

普通の高校生と違うあの環境で、幾度と無く途中で挫折しそうになっていたが、関係職員の情熱あふれる指導、及び苦楽を共にした同期に恵まれたおかげで、無事に卒業しいまも自衛官を続けていられる。

今も昔も同じ

この学校を卒業して、23年近く経った。当時、高校生だった私も結婚し、父親になり、子どもはまもなく高校生になろうとしている。

「親の苦労は、親になってから気づく」と言われるが、子育ての大変さを痛感していると同時に、当時お世話になった関係職員の方々に感謝の気持ちでいっぱいになる。

いま思い出すと「情熱」があふれていた教育指導であったと感じる。何も知らない15歳を、一人前の自衛官、及び社会人にするために自分の時間を割いてでも向き合い付き合ってくれたことを思い出す。

ほぼ毎日だから相当なエネルギーを注いでもらったと深く感謝してる。だからこそ、深いコミュニケーションが生まれ、信頼関係が成り立っていた。

そして、「情熱」があった教育に卒業生たちは、感化されいつか自分も後輩と学校に対して恩返しをしなければならない。

私が忍耐力を養った思い出の一言

4月に入隊してから5月の連休まで、慣れないことの連続だった。掃除、洗濯、アイロンがけ、体育祭に向けた筋力トレーニング、応援練成等で肉体的、及び精神的に大変だった。同期も同じような状況だった。

当時の区隊長からは笑顔で、次のように言われた。

肉体的に苦しいのは基礎体力がないから、精神的に苦しいのは集団生活でいままでの生活と違い、気を使ったりしているから当たり前である。心配するな……、ずっとは続かないよ。「この3年間を耐え抜ければ、どこでも通用する社会人になれる」

いまでも肉体的・精神的に苦しい訓練等も乗り越える基盤がこの時期に養われた気がする。

今年度で、63周年になるが少年工科学校から高等工科学校に変われども「質実剛健」「科学精神」「明朗闊達」を掲げ、優秀な人材を輩出し続ける母校を誇りに思うと共に、当時のご恩に感謝し、本校での勤務に尽力したい。

高等工科学校職員
滋賀県出身

立志編

「立志編」とは、寄稿者が少年工科学校に入校するきっかけとなった出来事、入校後の覚悟等について書き下ろした文を編集したものである。

八十歳を迎えて

第１期生　仁木一男

入隊日の思い出

福井の山奥の一軒家で六人兄弟の長男として育った。中学時代の夢は、高校を出て、北海道に渡り、開拓に従事することだった。高校の受験勉強中、母から、どこで聞いたのか少年自衛隊の受験を勧められた。

故郷の駅で、祖父や母に見送られ夜行列車に乗った。大船で横須賀線に乗り換え、久里浜に着くと朝六時だった。久里浜駅から川沿いに歩いて行くと川向かいに久里浜駐屯地が見えた。橋の向こう側に正門があり、そこに自衛官が銃をもって立っていた。銃に怖気づき、橋を渡らずにそのまま行き過ぎ歩いて行くと海岸に出た。突堤の先に座り込み、取り敢えず母が作ってくれたおにぎりを食べながら、どうしようと考えた。駅で見送ってくれた祖父の顔が浮かび、いま更、祖父の期待に背く訳にいかないと意を決して営門をくぐった。

後で聞いた話によると、おにぎりを食べながら思案した海岸は久里浜海岸といい、１０２年前、アメリカ海軍のペリー提督が日本に初上陸したところだった。

天国の日々

入隊時は、身長１５３センチ、体重45ｋｇのひ弱な体で、１００ｍ走は１６・６秒だった。入隊して、感激したのは、毎日美味しい食事を十分に戴くことができた事だった。

体育で十分に体を動かし、規則正しい生活が自分に合っていたのだろう。2年後の前期課程修了時には、身長１６４センチ、体重57ｋｇで、１００ｍ走は14秒だった。欠食児童が十分な食事を与えられ、一気に成長したようだ。

体育や訓練は厳しいものだったが、こんなものかと全く苦にならず、自分には天国いるように感じていた。

モールス信号

授業は工業高等学校の一般科目の他に、特技教育として「通信術」があり、モールス信号を覚え、送信・受信の技術を習得することだった。モールス信号を覚えるのに2か月かかったが、同じ区隊の佐藤富男君は2日間で覚え、その能力に驚嘆させられた。30数倍の難関を突破した秀才たちだったが、それぞれ特異な素質を備えていたのだろう。人それぞれ、もってうまれた素質に大きな違いがある事を学んだ。

日記と記録の習慣

入校した日に、区隊長から日記をつけるように指導があった。毎日書いているか時折区隊長がチェックされた。それが八十歳の今日まで続いており、いま65冊目を書いてる。

この習慣は人生の宝物だ。還暦記念に「自分史」を編集・製本し、弟妹たちや子どもたちに配った。これは一日一行で出来事を書いたものだ。

この日記をつける行いは、あらゆる分野の事象を記録するという波及効果がある。現在、健康のために果樹栽培、野菜栽培をやっている。寝る前に日記をつけ、更に野菜等の種類ごとに作業内容、成長の記録や収穫数を書いてる。農作業で迷った時、過去の記録があると大変便利だ。

学ぶ力

昭和47年、技術研究本部に着任したら、対戦車ミサイルの開発をする部署だった。与えられた仕事は、対戦車ミサイルの弾頭とロケットエンジンの担当だった。これまで学んできたことは電気工学主体だったが、新しい仕事は機械工学と化学で未知の分野だった。早速図書館に駆け込み、何とか任務を果たすことができた。

昭和50年、民間の会社に入り、最初に与えられ職は総務部次長で、人事、労働組合対策でこれも未知の分野だったが　組合問題を終息させることができた。

昭和61年、営業部長を拝命した。社長は「防衛庁から注文を取って来い」と言うだけで、誰も営業について教えてくれない。しかし注文を貰うことができた。

種類の異なる仕事を次々と体験することができ幸せだった。これらを顧みると、自分には学ぶ力があった。これらの学ぶ力は自衛隊生徒時代に培われたものだろう。

通信生徒1期生の状況

入校したのは60名で、死亡が確認できているのは15名、生死・所在不明者10名、現在生存確認できているのは35名だ。同期生会は昭和50年から平成27年の間、各地で計14回開催され、その都度欠席者も含めて連絡の取れる者全員に記念誌を配布している。それでも所在不明者の情報は入らないのだから、生死・所在不明者のほとんどは死亡しているものと推測する。

平成27年5月19日、20日に、通信生徒1期入校60周年記念大会を三浦市で開催し、通信学校、少年工科学校を見学し、少年工科学校61期生と懇談し写真を撮った。

生徒制度の発案者は？

自衛隊生徒制度の発足に当たっては、この制度を発案し、これを推進した人物がおられたはずだ。またこの人物の提言に賛同し協力した人たちが大勢おられたはずだが、これらの素晴らしい人物についてはなにも知らされていない。

制度の実施に当たっては、隊長、区隊長、教官等の指導者に、優秀な人たちを充てている。素晴らしい。

生徒出身者の活躍

陸上自衛隊の将官は、生徒出身者が多いと聞いている。部内から或いは一般大学または防衛大学校に進み、幹部となり、皆さん頑張ったようだ。一部は民間企業に転出あるいは起業をし成功を収めた方も多い。

生徒出身者のその後の状況は断片的には知っているが、1万9千名の全員の状況は知ることはできない。

若獅子会

初期の生徒隊、少年工科学校では高等学校卒業の資格は付与されなかったので、大学を受験するには文部省の「大学入学資格検定」に合格するしかない。大学入学資格検定を受けた頃、「防衛大学校入学資格検定」が発足し両方受験し両方に合格した。名誉なことに防大入学資格合格証書の番号は1番だった。

昭和36年4月防衛大学校に入校した。着校日に正門に設けられた新入生受付に行くと一人の学生が近づいてきた。新入生を学生舎に案内する役の2年生だった。顔を見ると生徒3期生のH君だった。「おお、Hか。先に入っていたか」といいました。私のスーツケースを持って歩くH君のあとを手ぶらで悠々とついていった。後で聞くと「2年生に荷物を持たせて歩いていた一年生がいた」とかなりの話題になったようだ。

この時、防大に入校していた生徒出身者は、防大7期に2名。8期に4名で新たに9期として7名が加わった。計13名が集まり「若獅子会」を結成した。アメリカの陸軍士官学校のyoung lionにちなんでこの名前を付けた。

この時代に必要な少年工科学校の教育

以上六十数年前の状況とその後の生徒出身者について記した。平成27年5月19日、20日に、通信学校、少年工科学校を見学し、61期生と懇談したが、半日の見学では現在の生徒教育の実態について正確に把握するのは無理だ。

功成り名遂げた先輩がお手本として多数存在し、高等工科学校では、学校長はじめ指導陣には多くの先輩が指導に当たっており特に問題があるとは思えない。強いて言えば、いつの時代でもそうだが、今後も「安全の維持」「悪いことはしない」の2点についてはしっかり教育してもらいたいと願っている。

元名古屋電機工業株式会社理事
福井県出身

カヌーで世界を見た

第10期生　畑　満秀

16歳の少年が福井県坂井町から横須賀市の地を踏み、第10期生として少年工科学校の門をくぐった。

学業の教育と訓練もさることながら、身体に恵まれていたためか昭和39年の東京オリンピック競技大会頃から普及したカヌー部に入部した。

鬼のような厳しい本田助教による技術指導と根性鍛錬の訓練を受け、毎日、部の活動は制限時間ぎりぎりまで続き、トレーニングウェアのまま巨大な浴室で温かい湯につかるのが楽しみだった。

まさに4年間は、カヌー漬けの生活でありカヌー優先の青春時代を経験した。国内のカヌー競技大会には、高校選手権大会はもとより、全日本選手権大会、国体まで各種の大会にも出場した。

少年工科学校の卒業後、大正大学のカヌー部からの声がかかり推薦特待入学となり大学へ進学した。

大学時代も畑・中西ペアチームで競技生活を送った。全日本選手権大会、国体にも出場し常に耐えず上位の成績を残した。

大学を卒業後、戸田カヌー・ボート競技場が東京オリンピック競技大会の施設としてカヌー競技活動の中心拠点としていた。地の利を生かして戸田市役所へ入職し競技活動を続けた。学生から社会人となり日本選手権大会、世界選手権大会（ワールドカップ）、オリンピック競技大会へ選手として数多くの海外大会（ベルギー、スペイン、オーストラリア、ギリシャ、ルーマニア、オランダ、タイ、アメリカ、ドイツ等数10ヶ国）への海外遠征も経験した。トップスポーツに関わる者は、国内のレベルでなく世界レベルでの活躍が評価の対象となり選手としても最終的な到達レベルなのだ。

アスリートとしての生活も長かったが同時に、オリンピック監督・コーチとして指導者としての役割も担ったことで今日の日本カヌー界の普及・発展に役に立てた。

卒業後職業を自衛官としていれば、これほどの多くの海外生活や異文化の体験はできなかった。改めて日本の在り方や青少年の成長について刺激を受けた。貴重な体験をした。

指導者としての第一線を引いた後は少年工科学校の同窓生が設立した4年制大学に勤務している。学部学生を中心にスポーツプロモーション、トップスポーツ科目に関する指導を担当。青少年期の子どもに必要なことは徹底して心身と共に集中できるものが必要だ。

そのことが人間の見識の幅を広げ海外から日本を見直すと本来の姿がよく見えるものと確信している。

参考資料

畑満秀氏は第10期生として少年工科学校に入学するが、入部したカヌー部では当初から異色の存在として輝かしい競技成績を残した。高校選手権、大学選手権、国体、アジア選手権、世界選手権、オリンピック競技大会とすべての競技大会にアスリート、または指導者として出場した。当時日本のカヌー界では入賞すらできなかった選手のレベルを専属コーチとして独自の指導法を実践した結果、初めてオリンピックで入賞させた実績は、国内最高の指導者と言われた。また少年工科学校出身者がスポーツ競技分野で特待生として大学に入学した第1号でもある。

まさに母校が誇る世界的に名高いカヌー指導者と言える。

編集部より

日本ウェルネススポーツ大学准教授
福井県出身

私の原点

第13期生　酒井　健

昭和四十二年（１９６７年）初頭、中学校の校長と教頭を除くすべての先生が我が家を訪れ、「何が悲しくてそんな所に息子を行かせるんだ？」と父に詰め寄っている。こんな連中に何を言っても無駄だと決め込み、何も答えない父に代わって答えた。「私が行きたいと父にお願いしました」先生たちは何も言わずに引き上げたが、もう引くことができない。合格通知が来れば行くしかない。

日本育英会の特別奨学金を受けて高校に進学することが決まっていた。高校の入学説明会に参加し、通学定期購入の手続きも終えていたが、自衛隊生徒の合格通知が来た。担任の先生に連絡すると反対していたにもかかわらず、たいそう喜んでくれすぐに新聞社に連絡したようだ。翌日の朝刊に「亀岡の酒井君、四十倍の難関を突破」という見出しに三段の記事が掲載されていた。もう行くしかないし、帰ってくることは許されない。

最寄りの駅で近隣の知人たちの万歳三唱で見送られ、三月二十八日、身長百五十二センチの私は武山に着校し、四十三年間の自衛隊生活が始まった。頑張るしか道はない。

区隊長は父、助教は母そして指導生徒は兄として、入校直後の十五歳の少年たちを善導してくださった。怖いことはなかった。辛いこともなかった。あの、恐ろしい父に比べると……。数え切れないほど薪で殴られたし、真っ暗な墓場の一本木に縛り付けられたこともある。ここは何て素晴らしい学校なんだろう。

二年半の前期教育、一年の中期校、三か月の隊付そして三か月の後期教育、何処の誰から聞いたかは覚えていないが、「日本の兵・下士官、ドイツの将校、アメリカの将軍を組み合わせたら最強の軍隊ができる」という至言がある。第二次世界大戦のこととは言うものの、この言葉が私の原点になった。

生徒の間は「世界最強の下士官」になろうと努力をした。地対空誘導弾ＨＡＷＫの年次射撃で米国に渡れば、列強には決して負けない成果を上げる整備員になろうと考えた。

防衛大学校に進み幹部に任官してからは、「下士官」から学ぼうと考えた。普通科教導連隊には、幹部学生の教育や総合火力演習で辣腕を振るう歴戦の勇士が多数存在した。分からないことがあれば、何でも聞いた。その姿勢が功を奏したのか、自分自身の成長に大いに役立つと共に、良い人間関係も醸成することができた。

中隊長や連隊長になった時には、「下士官」を活用した。充足の少ない幹部（将校）に代えて小隊長職を執らせ、厳しい指導を施すことによって幹部の重責を教え込むと共に、下に立つものとして何を自主的に行うべきかを理解させた。これは下級者にも伝搬して部隊全般のスキルアップに繋がった。

師団長や方面総監の間は、「下士官」を大切にした。実務や訓練の間に現場を訪れ、説明は幹部ではなく彼らから受けると共に、様々な要望を直接聞くことができた。本人たちには迷惑だったと思うが……

私の原点は、まさに武山の教育であったように思う。銃剣格闘部で心身を鍛え、何を勉強したのかははっきり覚えていないが、「下士官」を意識することにより、自衛隊勤務を充実させてくれた。そしていま、入ってよかった、辞めなくてよかった、頑張ってよかったとつくづく思う。

元北部方面総監
京都府出身

自衛隊生徒こそ我が礎なり

第15期生　千葉　德次郎

最初の一歩

自衛隊生徒制度との最初の出会いは、昭和43年秋、中学卒業後の進路で悩んでいる時、学校廊下の壁にあった少年自衛官募集のポスターだった。①特別職国家公務員②4年間の教育終了後は3曹（下士官）③その間に通信制高校を卒業という処遇は一石三鳥の内容だった。

担任のN先生が町役場を通じて地連出張所に受験希望を伝えたところ、既に志願受付は終了した。ただし、地連本部に問い合わせるので待てとの回答だった。本部の指示は、消印有効なので郵便遅送扱いとして特別に受付けるとのこと。後で思えば、7月2日の12期生殉職事故の影響で、志願者不足を危惧して受理したのだろう。12期生の御霊のご加護と、恩師N先生や地連関係者のお陰で自衛官への道に一歩踏み出せた。

前期課程

昭和44年3月27日着校日、慣れぬ東京駅で横須賀線に乗り遅れ、遅参連絡をしたにも拘わらず受付で門前払いの危機、事前連絡の確認が取れて漸く着校手続きとなり一息つけた。ところが尿検査で再検査指示となり、オロオロする私に、初対面のH指導生徒（13期、青森）が、正体不明の錠剤を掌一杯渡して大量の水で飲めとの不可思議な指導。翌日の再検査は無事合格して、やっと3等陸士の制服に身を包めた。岐路に立つ後輩を守る逞しい指導生徒の姿がそこにあり、信頼が芽生えた瞬間だった。

入校式を終えホットしたのも束の間、4月下旬素養試験結果が判明、H指導生徒から、私とK（岐阜）、A（新潟）の3人（その後一緒に機甲科に進みいまでも交流）に衝撃的宣告があった。公務員は仮任用期間の勤務成績が不良な場合は分限免職となり、我々3人は試験結果が著しく低いので、このままでは夏休み明けには退校処分が予想されるとのこと。よって、お前たちは、頭が悪いから他の同期生の2倍勉強しろと津軽弁で的確な指導。学力・体力不足に加えて世渡り下手な田舎者が、どん底から追いつくには努力のみという教えは結果を生み、その後の指針となった。

武山での2年半は、「事に臨んでは危険を顧みず、身をもって責務の完遂に務める」という宣誓を具現化できる自衛官となるための修養の場だった。最年少国家公務員である生徒は、中学までの義務教育で教わっていない「日本は素晴らしい国で、命を懸けて守る価値があり、主権者の権利には責任と義務が伴う」ことを改めて学んだ。

そして、学力や体力だけではなく、家族に感謝し、世の為・人の為・国家の為に尽くすという〝私〟よりも〝公〟を優先し、損得よりも善悪の価値観を尊重する心の重要性を理解した。まさに国民から信頼される、知徳体の均衡のとれた自衛官の器を目指す。

この厳しい日々から逃げたく、挫けそうになる自分の傍には支えてくれる同期たちがいた。熱発で寝込んだ時にタオルで額を冷やし、汚れた下着を洗濯し、食事を運び、授業ノートを見せてくれたのも同期生だった。同期生とは、ライバルではなく切磋琢磨の仲間、自分の成長をチェックするときの指標であり、その交流は肉親よりも深いものがある。

自衛官の先達たる教職員は、教導とは口先ではなく、率先垂範であることを教えてくれた。予科練出身T区隊長が、トイレの排水口が詰まり汚水が溢れて騒いでいる生徒の前で、裸足になって入り込み、糞尿の中に素手を突っ込み除去した姿は、現役時代に手本とさせて頂いた。

知・徳・体の均衡(信頼される人)

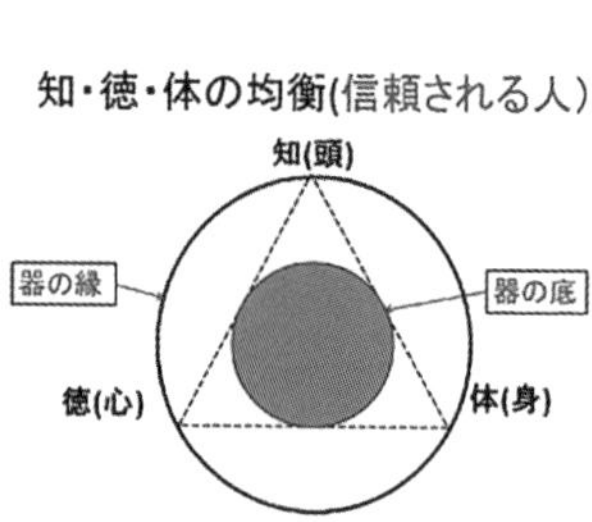

中期課程

戦車乗りを目指した機甲生徒の1年間は、教育とは人を育てる為の教官と学生の全人格を掛けた真剣勝負であるということを体験した。課業時間中の戦車の操縦・整備・射撃はもとより、一年間を通じた朝の点呼後の銃剣道訓練、真夜中のホイッスルから始まった非常呼集と連帯責任の駆け足等のあらゆる濃密な教育指導が、いまでも揺るがない豆タン15期生の団結心を醸成し、師弟間の尊敬と信頼という人間関係を築き上げてくれた。

一方で、個人としては防大出身幹部学生を見て、15歳で作った人生計画の将来目標を、無謀にも部内幹部から防大に変更し、消灯後や休日の余暇を受験勉強に費やした。武山時代には、防大進学意思など微塵もなかったので模擬問題集が全く解けず、特に苦手な数学は少工校のT先生に手紙で指導を受けた。

後期課程

生徒最後の半年は戦車教導隊での隊付実習で、部隊の精強度は陸曹が指標であり、その中でも生徒出身者の偉大さに感銘を受けた。そして、多くの先輩が勤務の傍ら、部内幹部候補生や通信・夜間大学卒業後の一般幹部候補生を目指して勉強している姿を見て、大いに啓発された。

この隊付間に、上司・先輩の役割とは部下・後輩を守り育てることであると教わり、いまでも後輩に言い伝えている。特に、I氏（8期）、S氏（11期）、S氏（13期）は兄のような存在で公私共に面倒を見ていただき、お陰様で3曹に任官、その後、防大にも入校できた。

おわりに

時は平成13年、陸幕人事計画課長として自衛隊生徒制度存続に深く関わる機会があった。国際的な少年兵禁止の動向、一般隊員の科学的識能の向上、装備の近代化などから、海・空は、制度廃止を決定した。陸は、予想されていた募集適齢人口減少をも踏まえ、技術曹のみならず幹部も含めた人材供給源として不可欠な制度であると存続を決めた。

生徒制度発足以来の卒業生が、3曹から陸将まで部隊の中核として平和を守る戦いに参加し、実績を残していたからこそ、少年工科学校から高等工科学校へと名称は変えたものの存続できた。

元北部方面総監
岩手県出身

この教育で得たもの

第25期生　藤本　邦昭

病気がちな子どもだった。そういうこともあって、祖母や両親から過保護に育てられた。当時は、このままでは駄目な人間になってしまうと思いながらも、何をすればよいのかわからず、悶々としていた。中学3年の冬、友人から見せられた冊子、それが少年工科学校の入学案内だった。この冊子が私の人生を大きく変えた。自分を変えることができるかも知れないという思いで、本校を受験した。しかし、両親は入学を反対、これを押し切る形で本校に入学した。

入学と同時に、従来の生活とは一変した。朝起きると、上半身裸体で点呼、その後、ランニングと懸垂、運動経験の少ない分疲れてしまい授業をまともに受けられなかった。以前は全てが親任せの生活であった。洗濯、アイロンがけ、靴磨きと何もかもが初めての経験で戸惑うばかりだった。針が指に刺さり痛い思いをしながら数日がかりで制服に階級章や部隊章を縫い付けたりもした。私なりに頑張っていたつもりだが、入学して1か月もたたないうちに、体力的にも精神的にも疲れ果て、喘息のような症状が出て寝込んでしまった。その時に、「レスリングをやってみないか。俺がお前をまともな体にしてやる」と区隊の助教をしていたHさんに言われ、レスリング部に入った。この出会いも、本校の入学と同じくらい大きく変えた。

Hさんは、自衛隊体育学校でレスリングの指導を行ってきた人で、本校のレスリング部の監督だった。Hさんの指導のもとで、毎日レスリングの練習に励んだ。ひ弱な自分がみんなと同じ練習などできるわけもなく、当初はみんなと別メニューで腹式呼吸の練習や柔軟体操のみだった。しかし、毎日運動を続けているうちに、みんなと同じ練習ができるようになり、自衛隊の訓練にもついていける体になっていった。レスリング部では、長期の休みを利用して自衛隊体育学校で合宿を行う。自衛隊体育学校では、オリンピックのメダリストの教官やオリンピック候補の選手から直接指導を受けた。このような経験からオリンピックを身近に感じるようになり、レスリングに対しての興味が高まり練習に没頭した。

3年生の頃には、体力的にも精神的にも自信が付き、自分を変える事ができたと実感できるようになった。高校最後の夏はレスリングで思い出を作ろうと決意し、減量して48kg級でインターハイ神奈川県予選に出場し優勝、全国大会に出場する事もできた。

子どものころから体育が最も苦手だった。いまでも、スポーツは苦手である。

インターハイに出場したことはいまでも不思議な気がするが、これは、少年工科学校とこれを取り巻く自衛隊の素晴らしいスポーツ指導環境のおかげだと感謝している。

スポーツ面だけでなく、少年工科学校の教育システム、特に専門教育の環境は素晴らしいものがあると思っている。本校では、普通科高校の教育に加えて、工業高校のような専門教育も行われる。専門教育は、2年生からスタートし3年生になると学内における教育に加えて陸上自衛隊通信学校の基礎電子課程に7か月入校し、ディジタル回路、パルス回路、自動制御を集中的に学んだ。基礎電子課程の教育は、講義と実験・実習を繰り返しながら授業を進めていくため大変効率よいものだった。

これらの専門教育は、自衛隊において電子機器を運用・整備・修理した経験のある自衛官が担当した。自衛隊における回路系専門教育で一貫して感じたことは、目で見えない電気の流れをイメージする力をつける教育であるという事だ。自衛官として現場で電子機器を扱う際に、数式よりも電気の流れをイメージする力の方が役に立つことを知っているからこそ、このような教育を行なえたのだ。

本校卒業後、中期課程（職種学校）の通信学校でレーダー修理の勉強をした。レーダーは、送信回路、受信回路、増幅回路などの電子回路の複合体である。レーダーを勉強すると、電子回路に関するすべての事が学べる。ここでも、回路図を見て電気の流れをイメージする教育だった。約8か月間で陸上自衛隊が保有するすべてのレーダーの回路動作が理解できるようになった。

中期課程卒業直前、第8通信大隊への配属が決定したが、電子回路の魅力に取りつかれ電子回路をもっと深く学びたいという思いが強くなってきた。またできる事ならレスリングも続けたいと思うようになり、自衛隊をやめて東海大学に入学し、電子回路を学びながらレスリングをする道を選んだ。

東海大学はいまも昔もスポーツの強豪大学だ。レギュラー選手になるだけでも大変だった。もともと運動が苦手だったこともあって、大学4年までレスリングを続けたが、全国大会ベスト16が最高の成績で大きな成果は残すことができなかった。しかし、少年工科学校の訓練と9年間続けたレスリングのおかげで普通以上の体力と精神力を得る事ができた。

勉学面では、少年工科学校と通信学校の専門教育で回路図を眺めるだけでその動作がわかるようになっていたため、大学4年生のころには新しい回路を考案し論文が書けるようになっていた。大学教員となってから多くの研究業績を残せたのも、自衛隊における専門教育のおかげだ。

現在は、少年工科学校と通信学校で身に付けた電気の流れをイメージする力を養う教育を広く広めるべく本にまとめたいと準備を進めている。

最後になったが、（これについては多くの人が述べているのであまり書かない）少年工科学校において一生つきあえる最高の友を得る事ができた。本校と通信学校の3年8か月しか自衛隊にいなかったが、寝食を共にし、泥まみれ、汗まみれになって過ごしたからこそ得られたものだと信じている。本校の教育が、高等工科学校に受け継がれ、更に発展することを期待している。

東海大学教授（基盤工学部長）
山口県出身

我が母校

第25期生　梅田　将

昭和54年4月、横須賀にある少年工科学校の門をくぐった時のことを、40年が経過したいまでも忘れたことはない。

その着校前日まで、何不自由なく家族に囲まれて生活していたが、その時から家族から離れ全寮制の学校生活が始まった。すべて自分で決めたことであり何の後悔もないと考えていたが、いざその時になったら不安でしかたがなかった。案内をしてくださった先輩の方に、正門の横にある映写講堂に引率され、制服や体操服、靴といった身近なものを受け取り、配置される第1教育隊第8区隊の営内班に連れていかれた。

その部屋には同じように不安そうな顔をした同期生が数名いた。お互いどうしていいのかも分からずそわそわしていると、職員の方が区隊の全員を集め自己紹介とこれからの生活を説明し始めた。説明が終わると身辺整理、名札や階級章の裁縫、食事、入浴、点呼と慌しく時間が過ぎた。次の日からも大差はない。不安な中、忙しく一日が終わる。

やがてホームシックでめそめそする者が現れ、数日前のごく普通だと思っていた以前の生活といま現在の生活のギャップを改めて自覚した。

着校して１週間もしないうちに入校式が行われる。そのため連日その予行が行われるのだが、教官からは、「椅子から起立したらピクリとも動くな、目も動かすな、まばたきも我慢しろ」と厳しい指導を受けた。どこに行くにも団体行動で、隊列を組み号令をかけて行進し移動する。気を遣うことなく自由に休める時間は、消灯後に寝るときくらいだった。

これが自衛隊かと思い知った。

よくよく考えてみると、自衛隊なのだから当たり前なのだが、自由に外出できるわけでもなく行動は統制され、外の世界とは隔絶された柵の中にいた。体のいい鑑別所ではないかと自虐的になっていた。両親が勧めた高校に進学していれば、いま頃全く違った学園生活をエンジョイしていたのだろうと後悔した。

入校式は、事前訓練の成果を遺憾なく発揮し粛々整斉と行われ、同期生皆ほっとすると同時に、短期間に著しく成長した自分たちのことを誇らしく感じたのをよく覚えている。入校式には多くの家族が参列したのだが、「こんな短い間にこんなに立派になって」「先日までまだ中学生の子どもだと思っていたのに、信じられない」「この学校の教育はなんて素晴らしいのだ。凄い」と皆さん感嘆の声を上げられていた。中には涙を流されている方も多く見かけた。

その光景を目の当たりにして、それまでの自虐的な考えや後悔の念が一気に吹き飛んでしまった。自分は親の庇護から脱し、一自衛官としての道を自らの力で歩み始めたのだ。

そして、こんなに人を感動させられる素晴らしい学校の生徒の一員として身を投じることになったのだという満足感を得た。

入校中の3年間は、楽だったと思ったことは一度もない。しかし当時は別にして、いまその苦労を思い起こしてみると、大変有意義であったし、ある意味楽しかったのではないかとさえ思える。またその苦労が、その後の自衛官人生の重要な部分を成しているといえる。苦難から逃げるのではなく立ち向かい、その先にこそ充実した楽しみがあると信じられるようになった。そう信じられるようになった自分に一番影響したのが、何よりも同期生の存在であった。

15歳にして親元を離れ、共に入校生活を送った仲間はかけがえのない友であり、40年経ったいまもその関係は崩れていない。同期生は、日本全国から選抜された250名で、育った環境は勿論、言葉（訛り）や習慣、価値観まで皆それぞれ違っていた。それでも卒業するまでの3年間で、その違いを共有し理解し合い、人としての幅を広げることができた。

それは同じ屋根の下、家族同様に共同生活をし、苦楽を共にしてきたからこそ得られた。

本校での生活には、高等学校と同様の教育と、自衛隊員として必要な訓練、そして集団寮生活があるが、この訓練と寮生活は、通常の高校生では経験し得ないものだろう。

訓練には様々なものがあるが、時には演習場に泊り込み、生徒自らが小部隊のリーダーとなり、命令、号令を発して、同期生を動かして与えられた任務を遂行するというようなものもある。その訓練は真夏の炎天下や風雨吹きすさぶ中であったり、夜間の暗闇であったり、体力的にも厳しい条件を課せられるものもあった。そのような厳しい訓練を共に助け合いながらやり遂げたとき、切っても切り離せない信頼関係が生まれたのだ。

その信頼関係は、クラブ活動におけるチームメイトとは違った友情、戦友愛と言った方が適切かもしれない。

その戦友愛は上級生になるに従って育まれ、絆は深まっていく。寮生活は1年生から3年生まで同じ建物の中で暮らしていたのだが、1年生のときに先輩上級生をみて「何て先輩は凄いのだろう」「あんな先輩になれるだろうか」と憧れたものだ。その憧れは何に対してだったのか、いま思えば、それは先輩たちが修羅場をくぐり抜けて得た自信と、育み築かれた深い絆、同期生愛に対してだったのだろう。

卒業後、部隊勤務の傍ら夜学に通い、大学を卒業して幹部自衛官の道に進んだ。同期生もまたそれぞれの道を歩んだ。陸曹として全うした者、幹部になった者、海空自衛隊に進んだ者、退職し民間企業に就職した者、会社を興し社長となった者、医師になった者、皆様々な人生を送った。

進んだ道は違うが原点は少年工科学校であり、離れていてもこの40年間を共に生きてきたと感じることができる存在だ。そう感じさせるのは、少年工科学校の教育が、赤の他人である者同志を家族同様に深い絆で結び、その後の人生にまで影響する素晴らしいものであるからだと確信する。

校名は高等工科学校となり、生徒の制度上の身分も、自衛官から階級章を外した学生へと変化したが、高等工科学校、及び陸上自衛隊生徒制度の維持・発展と、我が後輩生徒の人生が私と同じように育まれんことを祈って止まない。

陸自警務隊長
福井県出身

入学のきっかけと子どもの生活環境問題

第27期生　中村 博次

昭和56年4月3日、少年工科学校の27期生として入校すべく武山駐屯地の南門を、いまは亡き祖母と共に通過した。その時のことはいまでもはっきりと覚えている。

幼少の頃に両親の事情から、祖母に育てられた。厳しい家庭環境下で祖母は経済的にも大変苦労しながら育ててくれた。

このような家庭環境にあったので、中学卒業後は、名古屋で会社を経営している叔父を頼って就職しようと考えていた。ところが担任の先生から少年工科学校を受けてみなさい」と言われ受験した。受験したことすら忘れかけていた矢先、郵便局から「自衛隊から、大事そうな書留が届いている」と連絡があり、開けてみると合格通知だった。「自衛隊なんかには絶対に行かない」と珍しく父親に反抗したが、父が飲んでいた店で偶然出会った国分駐屯地の方に「中村さん、絶対息子さんを少年工科学校に入れるべきだ」と言われたそうだ。

これがきっかけで地連（現在は地方協力本部）広報官の訪問を受け、父は強引に入隊手続きを進め、少年工科学校に入隊することになった。

強引に私を入隊させ、破天荒で漫画みたいな人生を送った父も、また経済的に厳しい状況の中で私を育ててくれた祖母も既に他界した。一方、中学時代は、夢も希望もなかったが、自衛隊に育てられ、間もなく無事に定年退官を迎えようとしている。

昨今の子どもの様々な問題を目にするたびに、自衛隊に育てられた自分を重ね合わせる。夢も希望もない家庭環境にあり、進学を断念せざるを得ないのであれば、ぜひ自衛隊という学校に入学してもらいたい。そして国を守る国家公務員として自らの手で這い上がり、窮状であっても脱出すること。自衛隊は陸士で入隊しても学歴に関係なく、自らの努力次第では将官になることも夢ではない組織である。自衛隊という学校で育ててもらったことでそんな君たちを応援したい。

小平学校会計科部長
鹿児島県出身

卒業して得たもの

第34期生　牧野 雄三

平成30年春、郡山駐屯地司令として、福島県自衛隊生徒友の会入隊予定者激励会に招かれた。期待と不安で一杯の後輩たちを前に、「皆さんは私の30年前の姿、そして私は皆さんの30年後の姿」と話し始めた瞬間、これまであまり振り返ることのなかった当時の記憶がまるで昨日のことのように思い出された。

昭和63年の春、静岡県の中学校を卒業し、少年工科学校に入校した。入校式直後から模範生徒による厳しい指導が始まった。基本教練、時間管理、清掃、アイロンがけ、靴磨き、ベットメイクなど、自衛官としての基礎を叩き込まれた。あらゆる面で優れた3学年の模範生徒は、自分が2年後にそのような姿になれるとは到底思えないほど逞しく見えた。

集団生活を通じて、いまではあまり言われなくなった団体責任、一人でも落伍者を出さないため、自己犠牲をいとわず仲間で助けあうことの大事さを学んだ。夕方、隊舎横の公衆電話に並び時々家に電話をした。いつも心配してくれている母には、厳しいけれど大丈夫、と強がりを言っていた。休暇の際には、中学の同級生から「普通」の高校生活の話を聞き、自らと全く違う自由な生活を羨ましく思った。短い休暇はあっという間に終わり、武山に帰る前の日になると嫌な気分になったものだ。いつしか生活にも慣れ、楽しみも増えてきた。

学業、専門教育、野外訓練も充実してきた。売店で生シューやバタークッキーを買うのが小さな楽しみだったし、週末には、同期と外出して横須賀にトンカツなどを食べに出かけた。

進級し、区隊長や教官を見て幹部自衛官になりたいと思うようになった。防衛大学校受験にあたり、受験勉強のノウハウもない私に対して、教官、区隊長からは、参考書の買い方から勉強方法、課外の補習授業での個別指導など懇切丁寧に面倒をみていただいた。

武山ではいわゆる「普通」の高校生活は送れなかったが、何事にも代えがたいものを得た。それは、同期生との絆である。30年経ったいまでもひと度飲み始めるといいオヤジが18才の時の仲間たちに戻り、思い出話に花が咲く。

またその後の自衛官人生にとっての大事な基礎となるものも身についた。国の守りに対する強い使命感、命令服従を基本とした高い規律心、多少のことではへこたれない忍耐力、努力すれば必ず成就するという前向きさなどだ。

自らの基礎を築いていただき、そしてチャンスもくれた母校に心から感謝をしてる。

陸上幕僚監部広報室長
茨城県出身

生徒の時の思い出話

第44期生　角島 吉継

少年工科学校に入校したのは平成10年、動機は本校出身の父親に憧れ、その父の自衛官という職業にも心を惹かれたからだ。

着校日、幼少期からの夢であった自衛官になる一歩だと思い、期待と不安を胸に少年工科学校の門をくぐった。

その後、生活する隊舎に案内され、職員、及び先輩から社会人・自衛官として自立して生活するための手ほどきを受けた。具体的には、規則、金銭管理、清掃、洗濯、靴磨き、アイロンのかけ方、裁縫（階級章の縫い付け）等、生活に必要なことを丁寧に教えてもらった。「自分のことを自分でやる」という当たり前のことを本校で学び、それを日々実践することで、いまの生活スタイルができたと実感している。あわせて、ずっと面倒を見てくれた親の有難みを痛感したのもこの頃だった。

しかし、良いことばかりではなく、学校生活をする上で様々な統制や指導があり、当初はとても窮屈に感じたのを覚えている。ロッカーに衣服をかける際、左からクラブ服、ジャージ、ウインドブレーカー、迷彩服……といった統制があること。ベッドの毛布を敷く際は、皺一つ無いように、（ベッドの毛布上に10円玉を落としたら、跳ねるまで）ピンと伸ばすという指導を受けること。毎週末には、居室、及び公共場所の床を、顔が映るくらいワックス、ポリッシャーをかけ、床をピカピカにしなければならない清掃等があることだ。こういった細かい統制や指導を受けることは、当時15歳の少年に、イメージと現実のギャップを感じさせ、戸惑わせるに十分だった。

自衛隊の学校ということで、きびしい訓練、楽しい共同生活をイメージしていたのに、生活の細かいことを過剰なほど徹底する学校なのだと印象を受けたからだ。当然、この統制や指導には意味があり、説明も受けていたが、頭で理解していても本当の意味で納得できたのは、本校を卒業してからだった。

ロッカーの衣服のかけ方に統制があるのは、物をなくさないのは勿論、非常時、真っ暗な中でも身支度ができるようにするためだ。皺ひとつなく毛布を敷いたり、床をピカピカにするのは、細やかな配慮を身につけると共に、協力しあう精神等を育むためだったのだと納得している。困惑しながらも習慣化するまで、学校生活を愚直にやって来て良かったと思うと共に、教育してくれた職員、先輩に感謝している。

話しは変わって、本校では、基本教練という自衛隊の各種行動に適応させるための基礎を学ぶ。

具体的には、「気をつけ」「休め」「敬礼」「右向け右」等の諸動作である。

当然、職員からも教えてもらうが単純な動作なのに、手足の先までしっかりとできない。できたつもりでも、鏡で自分の姿を見ると、習ったとおりの手足の角度ではない姿が映る。職員、及び先輩が当たり前のように行っている敬礼動作等が凄いことなのだと感心した。また体育大会では、上級生の身体能力に驚き、先輩たちのようになりたいと思った。身体能力に限らず、この学校の教育を受けることで、このように成長できるのだという具体的な目標・職員、及び先輩たちが大勢いてモチベーションも上がった。

2年生の遠泳訓練では、水泳が苦手で25ｍ泳げなかったが、人並みに泳げるようになり、苦手なことでも挑戦し続ける大切さを学べた。

銃を貸与された時には、武器の怖さ、国防の重責を認識した。

3年生の富士総合野営訓練では、厳しい訓練の中で同期と切磋琢磨し、同期の大切さを再認識できたし、厳しい訓練を乗り越えることで自信がついた。

少年工科学校を卒業し、平成30年に区隊長として母校に戻ってきたが、いまの生徒たちを見て、生徒時代を思い出すことが多々ある。

普通の学校ではない、本校の教育のお陰である。

高等工科学校職員
富山県出身

卒後編

「卒後編」とは、主に少年工科学校卒業後に経験した内容であり、少年工科学校の教育で役に立ったことや、そこから得られた教訓、自身の人生観などについて書き下ろした文を編集したものである。

「ラベルと中身」の追求を支えた「負けじ魂」

第2期生　古澤　齊志

旧陸軍将校の父を中学2年の時に亡くし、おもに経済的な理由から昭和31年（1956年）4月、第2期通信生徒として陸自通信学校（久里浜）に入校した。

教育側は、学校長をはじめ殆ど旧軍経験者が多く、最も感化を受けた区隊長は、陸軍少年通信兵出身だった。入校して暫くして、「高校と同程度の教育は受けるが高卒の資格はもらえない」という事が分かった。つまり「中卒」になると言うことだった。いま思えば創成期のため地連の担当者も責任を持った説明ができなかった。

そんなことを考える暇もない毎日の生活が始まっていた。区隊長・助教の教育感化もさることながら、60名しかいない1期生の後輩指導は、いまの皆さんには多分想像もできない様相だった。「連帯責任」という美名の下、本当によく絞られた。しかし不思議なことに、いわゆる恨みとか反感とかはあまり感じなかった。それは多分「団結心」を磨くとか「闘争心」を鍛えるためと、子どもながら心の底で認めていたからかも知れない。人生で一番強い影響を受けた前期生徒時代は衣食住を共にした環境下で培われた「同期生愛」「団結心」、特に苦境に落ち入った時の「負けじ魂」は自然にしかも強烈に植え付けられた。

後期教育の前半、1年半の部隊実習で、東京練馬の第1通信大隊で教育を受けた。

この頃から世の中がだんだん見えてきた。これからの世の中「中卒で良いのか……」その気持ちが次第に強くなっていた。20名の同期のうち、約半分くらいの者が同じ悩みを持ち、池袋の芝浦工大附属高校の3年に編入した。

「自衛隊　税金泥棒・安保反対」の時代だったが制服で夜間通学した。学力は全く問題なく、むしろ成績が良かったせいか、自然に周りの学生が近寄り打ち解けてきた。学生のみならずY校長は、我々を可愛がってくれた。「高校は、出席日数が必須なので頑張れ！」と励ましてくれた。演習や、伊豆の風水害災害派遣などがあり、なかなか出席日数を稼ぐのは大変だった。4年生の10月には、母校の通信学校に帰らなければならなかったが、Y校長は、「所定の出席日数を満たせば、遡って卒業証書を出す」とまで言ってくれた。「高卒」というラベルに見合う中身があると言っていただいたようで大変嬉しかった。

昭和35年3月晴れて通信学校を卒業し、東京市ヶ谷の中央基地通信隊（勤務陸幕通信所）に配置された。当然高校の出席日数を稼ぐために池袋に通ったが、夜勤もあり、ミサイル試射場建設に伴う自前通信確保のため半年間伊豆新島に派遣されたこともあり、結局芝浦高校を卒業したのは38年9月（卒業証書は3月）であった。こうしてやっと「高卒」のラベルを手にした。

21歳・3曹で初めて生徒出身者が陸幕で勤務することになる。幹部候補生の受験資格は、あったが、幹部になるならそれなりのラベルが必要と考え、「大卒資格」を得るために明治大学に夜間通学した。

当時の陸幕は旧軍経験者が多く陸士／海兵等の元将校が多く、また一般大学出身者そして防大1・2期生出身者がチラホラの状況であったにもかかわらず、防衛庁内で幅をきかせていたのは、一流大卒の内局部員等だった。当時は、防大生すら日本の恥辱とまで言われていた時代、多くの者が悔しい思いをしていた。

そんな環境だからこそ上司は、生徒出身者である私の夜間通学を皆応援支援してくださった。特にいまでも人生の師と仰ぐS1尉は一般大学出身の元少工校の数学教官であった。また内局にも人脈があった早稲田出身のN1尉、そして少年飛行兵出身のF1尉は親身になって色々面倒を見てくださった。また当時の課長は、陸士（東大）のO1佐であり私のゼミM教授と陸士の同期生であり卒業時大変お世話になった。

このような環境下で「高卒」「大卒」のラベルを手にしたが、働きながら通学すると言うことは、営内生活をしていたこともあり本当に大変であった。

それぞれの場面で困難を乗り越えることができたのは、前期生徒時代に強烈に植え付けられた「負けじ魂」が生きていたからと思っている。お陰様で何とか4年間で明大を卒業できた。

昭和43年4月#43（U）で久留米の幹部候補生学校に入校できた。受験資格ぎりぎりの27歳だった。

卒業後、幹部として定年まで部隊勤務・学校教官・陸幕勤務・CGS戦術教官・東方人事課長・施設庁等で勤務をした。

CGSも運良く合格し、防衛研修所（現防衛研究所）の一般課程まで出させて頂き感謝しているが、自衛隊の階級(ラベル)に応じた中身が備わっていただろうか？といまでも考えている。

「知・徳・体のバランスのとれた伸展性ある人材の育成」を掲げる本校の教育目標は、誠に素晴らしい。しかしこれを実現するのは、大変難しいことも事実であろう。

実現のためには、衣食住を共にした厳しい団体生活からしか育むことができない精神力「負けじ魂」の涵養が最も大切であったと、人生の出発点である生徒時代を振りかえって考えている。

元北部方面通信群長
群馬県出身

元少工校数学教官のS1尉当時と
（平成21年2月）

生徒時代の三つの教え

第4期生　三原 将嗣

現代の視点から「少年自衛官の教育」についての所感を、ということである。

それは、60年前のことだ。山口県の山村から陸上自衛隊武器学校生徒隊への入隊は、人生の大冒険だった。しかし、この生徒時代の4年間がその後の人生の基盤になったことは、事実である。

何十年ぶりかで卒業アルバムを見た。どの集合写真でも、後ろの片隅に居るのが私だった。平々凡々、まったく目立たない人間だったが、指名を受けるとは恐縮だ。良い意味での「変わり種」なら同期生に何人もいる。大検を受けて防衛大へ、通信制大学を経て職種変換し衛生科へ、夜間大学を出て警察庁へ、自衛隊を退職して市議へ、郷里に帰って県内屈指の事業家に、米軍に留学して後に一流企業社員にと、多士済々である。

ここで、あえて自衛隊歴に触れる。昭和33年4月に、第4期生として武器学校生徒隊に入隊。同校は、霞ケ浦の湖畔にあり、戦前は、海軍飛行予科練習生が訓練を受けた所で、「君達は現代の予科練だ」と気合を入れられた。授業は工業高校の科目と自衛官としての訓練だ。生徒は、83人が二個区隊に分かれて、24時間、３６５日共同生活、集団行動である。

2年生の9月に現在地（横須賀市武山）に、武器、通信、施設の生徒隊が統合されて移転した。

ここでビックリしたのが米軍払い下げの隊舎と洋式トイレだった。この武山1期生としての生活も6カ月で修了して武器学校に戻った。

昭和35年4月に3年生として、火器、車両、弾薬、射統（射撃統制）の4コースに分かれて専門課程の勉強だ。火器コースで、拳銃、小銃、機関銃、戦車砲、野戦特科砲等の分解、修理を一年間学んだ。この学習を実践するため、約一年間全国の部隊に実習に出た。関西の伊丹と桂の部隊に赴任した。そして、昭和37年1月に武器学校に帰り、最後の研修を終えて3月末に卒業した。

昭和37年4月に3等陸曹として、東京都北区の十条補給処に配属された。十条は、都心に近いため、夜間学校に通う人が大勢いた。同期生と相談して、まず夜間高校の4年生に編入した。これはすでに大検を数科目合格していることでの特別配慮だった。翌年卒業を控えて大学進学を考えた。友人は、「火器は機械だから理工学部で当然」と決めた。実は、手先が不器用でしかも数学が苦手なので、将来「技術屋」としては大成しないと判断して、再入隊したら「事務系」でいこうと決心した。

昭和38年4月に日本大学二部法学部法律学科に入学した。夜間であるが故にいろいろな職業人と友達になり、遂には二部学生自治会の役員にもなった。これを知った上司から、「自治会役員＝学生運動＝左翼」と誤解され、厳しく叱責された。「むしろ右翼です」と説明するも誤解は解けず、その偏見さにあきれて退職を決意し、卒業後の再入隊も止めた。除隊後は、約2年間アルバイトで凌ぎ、昭和42年3月卒業した。プロローグが長くなったが、生徒時代の４年間の教育が、61年の人生を支えてくれたという事実を三つ上げる。

「身だしなみ」、つまり躾である

まず「敬礼」だ。上司への礼や後輩への答礼は絶対だが、世の中は礼儀をもって秩序が保たれているから、この教えが私を支えてくれている。そして「靴はピカピカ」「ズボンの折目はビシッと」「背筋を伸ばせ」である。

いまでもこうでないと私は外出しない。かの有名な西郷隆盛や坂本龍馬は「身なりに気をくばり、外見で得をし、他の人の従属心を喚起させた」という研究者もいる。見てくれを気にすることは大事であり、この教えがいまも私を社会の中で引きたててくれている。

「他人(ひと)ができることはお前もできる」「お前が苦しい時は相手も苦しい」という言葉である

主に体育の教官や助教から「がんばれ」の意を込めて叱咤激励された。

大学卒業後は、友達の誘いで自民党系の団体でアルバイトをしていたが、そのご縁で衆議院議員のＫ（東京十区選出）氏の事務所に入り、22年間公設秘書を務めた。Ｋ氏が環境庁長官に就任（昭和55年７月）のされたとき、国務大臣秘書官を命じられた。その時の相方の事務秘書官は、日比谷高校、東大法学部、厚生省キャリア組の超エリートだった。日大夜間部の私とは「月とスッポン」である。そこで生徒時代に叩き込まれた精神で必死の努力を積み重ねて対等に一年半を終えた。

平成5年7月に東京都議会議員に当選した。平成11年にＩ都知事が誕生したが、当初自民党の都議団は、他の候補を応援したので、「反Ｉ知事」体制だった。その当時のＩ知事と都議の論戦を見て、「並の力では知事には勝てない」と判断した、放送大学大学院で政治、行政の再勉強をしようと決心して入学し、平成16年3月修士号を得て卒業した。それからは、私の勝手な思い込みだが対等の議論ができたような気がしている。でも、日曜日の地元活動が手薄となり、平成17年7月の選挙では落選も経験したが、幸いにも二年後の補欠選挙で復帰し、五期務めた。エリートだろうが、大物であろうが、必死の努力があれば対等の勝負になるという実体験は、生徒教育の賜物である。

団体生活（集団行動）と連帯責任である

約40人を一個区隊として共同生活、集団行動は慣れるまで大変だった。集団なので一番がいればビリもいる。そこで区隊長や助教は、「やり直し」「再度やり直し」を命じる。なぜ同じことを何度もやり直すのかといえば、全員が協力して事をなすという精神を養うためである。これを連帯責任という言葉で指導されたのだろう。連帯責任を負わせることで相互助け合いの心が育つことを体感した。

世の中は、地域も企業も組合も学校も、すべからく団体で集団行動である。個人個人の力のようだが、実は個人の実力は小さく、集団の力は大きいのだ。適切な例ではないが、都議時代（平成13年）に、時のM自民党総裁（首相）をくだして、K氏を総理総裁にしようという実力行使を自民党都議団（52人）でやろうと決議した。実際に党大会で行動したが、総理総裁や代議士の力と都議の力の差は「吹けば飛ぶような」ものだ。その時私たちは、世論の批判を受ければ議員バッチを返上して責任を取るという決意だった。幸いにして、世論は味方してくれて、K総理が誕生し、直後の都議連（平成13年6月）では、K総理の応援をいただいて大勝利をした。

いまの社会は、個人ファースト、権利の主張、損得勘定で動く感がある。しかし、いかなる社会体制であろうと、「仲間意識」は重要であり、「個人主義と公徳心を両立させる」ことは可能という学者もおられる。要は、若いうちに躾教育、集団教育ができるかである。

突飛な発想だが、少子化により全国の小中学校で廃校が出現している。これを活用して高校一年生は、一年間集団生活（合宿）をしたらどうだろう。その体験から得るものは、いかなる勉学よりも人生に多大な影響を与え、日本の将来に大きな力になるような気がする。

それは、経験した武器学校生徒教育と同じだからだ。社会人としての55年間を支えてくれているのは生徒教育である。

元東京都議会議員
山口県出身

海上自衛隊に転換した者として

第7期生　高橋　亨

昭和36年4月、15歳の春、佐賀駅からひとり急行電車で横須賀の衣笠駅に降り立ち、以来、陸上自衛隊に9年、海上自衛隊に35年間勤務した。これは偏に陸自生徒時代に鍛えられたお陰であると、常々感謝している。

思い起こせば生徒1年次、気持ちが揺らぎ退職の申し出をしたことは汚点として深く心に残っているが、これが再チャレンジの原点として以後の自衛官人生のバネになった。

気が弱くひ弱だった少年を、実の父・兄のように親身になって指導してくださった区隊長・助教は、一生の恩人として忘れることはない。

この様に、陸自生徒教育には、昨今散見される「優しいが冷たい」とは対極にある、真に「厳しいが温かい」といった教育のあるべき姿があったようだ。こうした指導のお蔭で無事卒業できたが、当時の私は、年若くして3曹になったことに浮かれ漫然とした生活を送っていた。

その様な時、同年代の者は未だ大学などで学んでいる最中であることに気付き、明確な目標もないまま安易な日々を過ごしている自分を恥じた。そこで更なる進展を求めて夜間大学への進学と一般幹部候補生の受験を決意した。当時この様な希望を持てたのも、7期生から採用された湘南高校通信制教育により高卒資格を取得できたからであり、この恩恵により、生徒出身者の以後の活躍の場は大きく広がることとなった。

夜間大学への通学は、演習や当直勤務などで困難なことも多々あったが、通学を奨励するという陸自の方針と部隊の配慮により4年間で卒業できた。この間、幾度も挫折しかけたが、その都度、生徒出身の先輩から〝7期から高卒資格を得られたのだから頑張れ、生徒の意気を見せろ〟と強い叱咤激励を受けた。大学4年となり幹部候補生を受験するに際し、海上自衛隊を第一希望に選択した。

その理由は、陸自生徒同期の絆、及び先輩・後輩という良い関係を保持したかったこと、書物や映画等で見聞していた江田島の旧海軍兵学校への憧憬、そして、その伝統を継承しているであろうと考えた海自幹部候補生学校に関心があったからである。

昭和45年4月、大きな期待と不安が混在する中、江田島の門をくぐった。入校直後、指定図書として「自由と規律」(池田潔著)が配布され読後感の提出が求められた。本書は英国のパブリックスクール(全寮制で13歳から18歳を対象とした私立の中等教育学校)での学生生活について書かれたものである。英国の紳士道修行における躾・全人格教育の必要性が強調されており、また高貴な精神(ノブレス・オブリージュ)は厳格な規律の中で育まれていくものだと述べられ、その大切さが説かれている。

正に英国の格言「鉄は熱いうちに打て」の体現化である。本書を読み終え、ある種の感慨が湧き上がってきた。それは、武山の生徒教育隊での生徒生活と相通じるものがあると感じたからである。この本から勇気を貰い、生徒生活を乗り越えてきた自信を胸に以後の江田島での教育に挑戦することができた。

一方、江田島では、旧海軍の「五省（①至誠に悖るなかりしか ②言行に恥づるなかりしか ③気力に缺くるなかりしか ④努力に憾みなかりしか ⑤不精に亘るなかりしか）」が人間形成の資として使われている。陸自生徒教育の聖地「武山」における人格の形成過程を振返れば、校風に「明朗闊達」「質実剛健」「科学精神」とあり、「五省」と通底するものを感じる。これらの経験が、幹部になった後、防大や一般大学昼間部出身者とは違った幹部像を形成できた大きな要因になった。

江田島を卒業後、遠洋航海を終え航空職域を希望。約2年間の教育を経て大型固定翼哨戒機の戦術航空士になった。海上自衛隊は〝航空海軍〟と称されるほど航空部隊が充実しており、哨戒機部隊としては、世界一の評価を得ている。幹部搭乗員（操縦士・戦術航空士）は、約2千名、うち一般幹候出身者が3割、残り7割が航空学生出身者である。

この様に海自航空は、高卒の航空学生が支えていると言っても過言ではない。

この航空学生に、毎年、少年工科学校から10名程度が入隊しており、彼らは、卒業後、極めて優秀な搭乗員として、また部隊指揮官として活躍している。このように彼らが新たな環境下でも力を発揮できるのは、新たな目標を設定し、それを成就するためには、努力を惜しまないとする生徒時代の貴重な経験があるからである。現役時代、彼らと幾度となく飛行作業を共にしたが、海曹士のクルーを統率しチームを任務遂行に導くリーダーシップに感服したものであった。

これこそ校歌の4番にある「……咲き出る色は変わるとも心は一つ日本の御国の護りゆるぎなし……」の理念を体現したものと言えよう。海自で35年間勤務できたのは、陸自生徒の基盤があったからこそであり、自衛官人生の原点と自覚している。

退職後は自衛隊父兄会（現家族会）に入会、高等工科学校の入校式、及び卒業式に毎年のように参列している。そこで、来賓のK衆議院議員が祝辞の中で、毎回、高等工科学校は日本一の高校と述べられていることに対し、OBとして胸を熱くすると共に嬉しく感じている。

これは生徒の努力への理解と、生徒を導きサポートしてきた学校側の教育システムに対する高い評価があってのことと推察する。本校の卒業式では、教官・同期・両親への感謝を込めた「仰げば尊し」の合唱で感動の頂点に達し、引き続き「校歌」を誇り高く歌う彼らの姿を見るにつけ、涙が溢れてくるのを禁じえない。生徒教育の集大成とも言うべきこの卒業式を、日本の中高教育関係者に公開して欲しいと常日頃願っている。昨今の政治家や官僚、また経営者による不祥事、及び学校・家庭崩壊等を見るにつけ、日本古来の真の日本人を育てる教育に再度目を向ける必要があると考える。

陸自生徒教育は、その良き伝統を継承し体現している模範となり得るものではないだろうか。昨年から道徳教育が教科化されたが、道徳・人間教育は、机上の空論では身に付かず、手本・模範が必要である。この様な観点から、本校（現／高等工科学校）の教育が一般社会へ浸透・普及されることを強く望みたい。

元海自航空集団司令官
佐賀県出身

殉職同期生の慰霊顕彰に励んでいる日々

第12期生　稲村 孝司

昭和43年（1968年）7月2日午後3時半頃、少年工科学校内小公園やすらぎの池において、戦闘訓練中に十三人にも及ぶ同期生が、一瞬にして生命が絶たれた。

純真無雑、日頃の区隊長の教えに従い何の躊躇（ためら）いもなく池に入り、銃を手放すことなく力泳に努め、殉職した同期生の心情は誠にいじらしく、人々に深い感銘を与えると共に、遺された同期生には、殉職同期生の使命に徹した志を末永く語り伝え顕彰せよと託されたと感じた。

三回忌、七回忌は学校主催で追悼式が行われた。昭和55年の十三回忌以降は同期生主催で追悼式を行った。それまで同期生会は結成されていなかったが、殉職十三生徒の中に、青森県出身でラグビー部キャプテンを務めていた親友もいたこと等から、同期生代表となり十三回忌を執行した。

昭和63年の二十年祭も、同期生会長として執行したが、学校からは遺族を招いての追悼式は最後にしたいと言われた。しかしながら、遺族と事故当時の区隊長などとの和解ができていなかったことから、平成5年の二十五年祭で最後とする願いが叶えられた。

翌6年は二十七回忌となり同期生代表が全国各地の墓参りを行った。会長として三人の殉職生徒が眠る鹿児島県を巡った。

8年からは祥月命日7月2日直前の日曜日に、殉職地跡に建立された「少年自衛官顕彰之碑」前で、殉職十三生徒を偲ぶ会を行った。幸いなことに14年には、同期生武田陸将補が初の生徒出身学校長として着任した。同校長は、早速祥月命日に学校主催の「追悼式」を行い、同期生を来賓として招待した。

また卒業式等で陸幕長などが来校された時は、まず顕彰碑への参拝献花が慣例ともなった。一時期、忌まわしい事故跡地として在校生などを近づけさせなかったことが完全に解消された。

武田校長は、同期生からの提案を受け「追悼式」ではなく、顕彰之碑の名称通り「慰霊顕彰式」に改めてくれた。

この間、10年からは靖国神社みたままつりへの大型提灯「少年工科学校　第十二期生」のみあかしを九段の夜空に輝かせ、まつり期間中には、同期生が集って参拝した。8年までには事故当時の学校長、区隊長などが亡くなり、殉職生徒の両親も平成20年代前半までに亡くなった。

平成29年7月2日、24期生徒の滝澤学校長が五十回忌を執行してくれた。殉職生徒の兄弟、姉妹甥など24名の遺族を招き、O陸幕長、地元K衆議院議員はじめ多数の来賓臨席のもと盛大な年忌となった。

30年2月には、殉職生徒の志、及び区隊長はじめ同期生の強い絆を物語りとして、末永くかつ多くの人々の胸に、生き続けるべく小説化を図り「少年工科学校物語　やすらぎの池の絆」を発刊した。また「少年自衛官顕彰之碑」も更に長期間、やすらぎの池跡地に鎮座すべく補修した。

一般社会では、五十回忌をもって弔い上げにして最後の年忌にする例があるが、第12期生は生きている間は勿論、小生の42期生を含む生徒出身の息子たち19名に引き継いていくことを誓った。

毎年の顕彰行事で、同期生会長として捧げる「顕彰の辞」の末尾では、

任務に殉じた十三人（とも）よ
諸君の志は　我らの胸に生き
諸君の掛け声は
武山の学舎（まなびや）に
響き続けている

と締めくくっている。

44年3ヶ月勤めた陸上自衛官を定年退官し、生まれ故郷の弘前市に帰り、地元医療福祉大学の非常勤講師で「道徳」などを講義し、町内会長、弘前地区保護司会事務局長、地区社会

福祉協議会副会長、市防災マイスター連絡会副会長などの社会貢献を引き受け、自衛隊関連では、県偕行会事務局長、県郷友会副理事長、隊友会副支部長、市家族会副会長、県生徒父母の会相談役を務めている。

特に全国で唯一現存する国重要文化財「旧弘前偕行社」の保存を図るため同施設を管理する弘前厚生学院の監事を務め、併せて御英霊の崇敬と旧陸軍の名誉復興に努めている。

第12期生が入校した当時は、教育隊長は旧陸軍中尉、区隊長には防衛大学校出身者や一般大学出身者が多かった。自衛隊は憲法違反、税金ドロボーと罵声を浴びせられていたが、我々が受けた「本校での教育」は素晴らしいものだった。現在では、日本一信頼される組織に発展を遂げた自衛隊で勤務できたことを誇りとしている。

令和の新時代と共に古稀を迎え、これからも社会貢献と殉職生徒の慰霊顕彰に励んでいく。

元陸上幕僚監部警務管理官
青森県出身

生徒隊長として勤務して

第13期生　河野　隆美

平成10～11年、初の本校出身の部内幹部生徒隊長として勤務する栄誉に恵まれた。

平成10年4月、少工校赴任当日まず本部に出頭し着校挨拶や着任諸行事を確認するのが通例だが、新職務の重責に押しつぶれそうな緊張感の当日朝、意あって早めに官舎を出発した。学校営門をくぐったが本部には向かわず、歴代の生徒出身殉職者を祀る「学校出身殉職者顕彰室」に赴いて参拝し着校赴任の報告、その足で昔と同じ外柵沿いにある小公園内の「やすらぎの池」に走って、「第12期生殉職者顕彰碑」に参拝、1年時に私共の指導生徒であったK・T両先輩はじめ13名の御霊に対し、できの悪い13期生の生徒隊長上番のお許しと上番間の御後見をお願いした。この行動で緊張感は、一気に吹っ飛び、爽快で落ち着いた心境で事後の学校長申告等の着任諸行事に臨めた。いわずもがな、下番時はこの逆手順で、職員、生徒の見送りを受けた後、ひとり「安らぎの池」と「顕彰室」に赴き、離任の報告と勤務間の後見の御礼をした。

本校は誇りとし愛する母校であり、子どもの少年を公私両面で導いてくれた区隊長、助教、教官等学校職員や先輩生徒の方々、そして苦労を共に切磋琢磨した同期、後輩の面々はいまでもそして永遠に私の一生の宝・財産である。卒業生に自然にこのような思いを持たせる教育こそが、「いまの時代に必要な教育」であると確信するところだ。

「明朗闊達」「質実剛健」「科学精神」この三つの校風は、初代学校長畦地清春氏が学校創設の昭和38年に制定したものである。この校風は、大変洗練されたもの。「明朗闊達」とは、若者らしい明快さと爽やかさを備えた度量の大きい人間になること、「質実剛健」とは、飾り気がなく何事にも真摯に打ち込み心身共に健康であること、「科学精神」とは、物事を論理的に深く探究する思考である。現在の高等工科学校への改編時においても、この校風は、未来永劫継承すべきものとして脈々と受け継がれている。

各分野における少工校出身者の活躍で、特に自衛官としては言うまでもないが、中途で一般社会へと進路を変更した方々にあっても、政界・官庁、経済、教育、文筆等々日本の各分野において素晴らしい活躍をしておられる。その原点になるものが、「明朗闊達」「質実剛健」「科学精神」を校風とする本校の教育であることは、活躍中のOB皆様の口々から聞かされる言葉だ。これこそ、「いまの時代に必要な学校教育」の基礎だと思わざるを得ない点である。

平成10年前後は、海空を含め生徒制度の存続等について、内局、各幕の検討が真面目にされていた。生徒制度そのものの廃止、定員の第2次削減(第1次は昭和54年の500名→250名)、特技配分・職種配分の見直し等がその具体例であり、生徒隊長時は学校企画室を通じて正規に、その後の赴任先の陸幕班長勤務時は、検討担任であった後輩のC1佐（人事計画課長）に対して、私的意見として「陸幕勤務生徒出身者有志による意見書」なるものを提出させてもらった。その意見とは関係なく、卒業生の活動実績等々から総合判断され、陸自生徒制度は、存続、定員の増員、通信制併修校の変更、高等工科学校への変遷等を経て、ますますその地位向上と存続意義の拡大を図っているのが現状だろう。

上述の「有志による意見書」の細部は、略するが、生徒卒業時の退職率（海空生徒、防大比較）、卒業生の幹部昇任率（同）、各職種学校・職種幹部へのアンケート結果等がその主要内容であったと記憶するが、ここで強調したいのは、当時の生徒出身陸幕勤務者に対して、生徒制度の検討に関する勉強会を持ち掛けた際、10名前後の生徒出身者が集まり、生徒制度の存続や職種配分等に関し真剣に検討し意見書なるものの作成に協力してくれた。

この母校の存続を真摯に願う愛校精神、先輩・後輩の強い絆、陸幕勤務の忙しい中自分の時間を割くのを厭わない犠牲・奉仕の精神、これらこそが「いまの時代に必要な学校教育」の精神そのものであると確信している。

元少年工科学校生徒隊長
大分県出身

人生の宝もの

第13期生　木皿　昌司

高校中退の16歳でここに入った。1次試験を受けたのは倶知安駐屯地で8名程度の中学生が一緒に受験したが高校生は私一人だった。

大学進学を目指し、倶知安高校普通科に通学していたが、親に進められるままに進んだコースに不満で、何か自分自身の考えで世の中に出たいとの気持ちが強く、親にも言わず勝手に受験した。丁度、高校のクラスに父親が自衛官だった娘さんがいたので、雑誌で見た本校を受験したいというと、すぐに書類を持ってきてくれたので中学卒業時にもらった印鑑を押して受験書類を作成した。いまから、考えるとなんとも浅はかな考えの短絡的行動だったと思うが、この独断専行の行動が人生を大きく変えることになった。

もともと、体力も気力も弱く、ニセコの山の中でスキーばかりして育った少年だから、東京に来たのは小学2年生の家族旅行と中学2年生の修学旅行ということで、どこに行っても都会の刺激を受けたことを懐かしく思い出す。

入校後は、もっぱら音楽部でトランペットを吹いて、成績も芳しくなく目立たないようにしていたが、上級生や卒業生に良くして頂き将来の進路もスムーズに決まった。

いまから考えると、全寮制で全国から集まった生徒、集中的な授業、クラブ活動などなど、本校の生活は、他では絶対に体験できない充実したものだった。同窓生や上級生との会話や真面目で熱心な自衛官らしい上司から受けた影響は計り知れない。

自由はないものの、16歳の育ちざかりに得た経験は、日本一の素晴らしい教育だったといまも信じている。

特に学校全体で小集団の指揮官としての精神を徹底的に叩き込まれたことは、いまを生きるうえでも大きな宝物になっている。

その後、久里浜の通信学校でレーダー課程に進み、卒業後は部隊実習でお世話になった大宮の通信補給処技術部防空電子室に配属になった。2佐の室長、1尉の班長、技官2名に10期の先輩がおり、学校時代とは異なる刺激を受けることができた。特に配属直後に上司から大学進学を進められ、夜間大学に通いながら学んだ経験は貴重なものだった。その途中、結婚して札幌に転勤。野整備部隊に勤務しながら通信教育に切り替えて大学を卒業した。

いまから考えてみると自衛官生活11年6カ月のうち、大半は勉強ばかりして過ごしており、自衛隊のお役に立つということは少なかったと申し訳なく思う。国民の貴重な税金で育てられたとの思いは、同窓の仲間と共に生きている限り消えることはない。わずかでも国家・国民のためになることをしなければならないとの思いは68歳のいまでも何かにつけてもっている。

大学卒業には6年かかったが、子どもも3人できて貧しくとも楽しい生活を送った自衛官生活だった。

大学卒業後、幹部候補生集合教育で知り合った友人の勧めで、全く畑違いの第一勧業銀行に入った。自衛隊の経験など何の役にも立たないと思っていたが、丁度、銀行業界は第2次オンライン時代で、電子工学を学びレーダーの修理をしていた経験や、通信補給で学んだ統計の知識が大いに役立った。

いまになってみると、社会に出て必要なことは、すべて自衛隊時代に学んでいた。何事にも真面目に積極的に取り組むという自衛隊精神はいつの間にか、何物にも代えがたい大切な宝ものになっていたようである。

また銀行で防衛庁財形の営業が苦戦していたとき、自衛隊OBだからと上司に言われ、同窓生に協力のお願いをしたところ、快く応援を頂き、なんと私のいた支店が全国トップになったというありがたい経験もした。営業は全く未経験の分野だったが、同窓生のおかげであっという間に優秀な成績を上げることができるとは夢のような出来事だった。

銀行で様々なお客様と知り合いになり、それがもとで、全く未経験の外資系保険会社に転職することになった。

英語もできない、業務知識もなかったが、銀行で勉強していたファイナンシャルプランナーという仕事を得て、アリコジャパンの投資部門、教育部門を経験するという機会を得た。

同時に入社直後に米国出張の機会を頂き、まだ日本に入っていなかったウィンドウズソフトによるファイナンシャルプランニングツール開発のプロジェクトリーダを務めるなど、思いもよらない経験を積むことができた。

その経験を買われ、日本進出準備中だったアクサ生命に転職。営業教育部門を経て営業本部で勤務し55歳で退職した。その後、独立起業し現在に至っている。

そんな訳で多くの会社と仕事を経験し、サッパリ自衛隊のお役に立てなかったことから、いまでは退職者の就職援護のお手伝いや、同窓生との懇親に精をだしている。

振り返ってみると、人生の宝ものは、自衛隊で学んだ科学技術、規律正しい生活（早寝、早起き）、何事にも真面目に取り組む自衛官精神、何よりも大切な同窓生や諸先輩との人間関係だった。

いまでも同窓生との人間関係は続いており、この人生は本校によって与えられたと歳を重ねる度に実感している。15歳から19歳までの多感な青春時代を友と過ごせたことは、本当に素晴らしいことだったのだろう。いまの世のなかでは、過剰なほどの個人の自由と個人の夢の追及を教育の重点にしているようだが、その教育の成果は如何なものだろうか。

若年の時こそ、躾を中心にした厳しい生活体験が必要であり、国民としての精神基盤をきちんと作った上にしか、本当に自由な土壌は育たない。

「明朗闊達」「質実剛健」「科学精神」という本校の校風を心に刻みつつ、生涯忘れることのできない貴重な経験をこれからの人生に生かしてゆこう。そしていつまでも少工校の魂を基に同窓生諸氏と変化の時代を真面目に生きていきたいものだ。これからも本校の良き伝統が永遠に守られることを願うばかりである。

公益財団法人あいである代表理事
北海道出身

「教師」という名の職業

第17期生　大野　朗久

三十七年間の教職生活、児童生徒の教育に全力を投入してきた。その間、多くの教育問題にも直面した。今日の教育をめぐる問題は複雑・多様化し、いままでの根性論や教育に対する思いだけで解決できることは少なくなった。それは、教育を取り巻く環境（外的要因）が変化したことに加え、子ども同士の関係、親子の関係、家庭と学校との関係の希薄化など、内的要因に帰することも多い。「自衛官」から「教師」という職業を選択し、様々な教育問題の解決にあたってきた。教育者としての基礎は、少年工科学校時代に培われたと言っても過言ではない。「教師」を志し、常に心がけてきたことを以下に記述する。

「惻隠の情」は教育の根底でなければならない

最近起きている犯罪や国際関係を見ても、日本人の心の中から「惻隠の情」という言葉が消えつつあるのを感じる。人はともすれば、自己中心に考え、自分だけが良ければいいと思いがちである。しかし、本当に困っている人を見て、何もしないでいられるだろうか。

明治二十三年（１８９０年）、和歌山県串本町沖で遭難・沈没し、６００人近い犠牲者を出したトルコ軍艦「エルトゥールル号」の乗組員を大島の住民たちが救助し、自分たちが蓄えていた食料を全部与えるだけでなく、人肌で温め精根尽くして介抱した。当時の住民は、遭難者がいれば何を置いても助けるという、理屈ではない大島の人々の人間愛がここにあった。この出来事は、トルコで広く語り継がれていった。エルトゥールル号の遭難から１００年近く経った１９８５年、イラン・イラク戦争が激化する中、テヘラン空港に取り残された日本人のために、トルコ政府は救援機を飛ばし、日本人全員を脱出させたという実話がある。１００年以上も続くトルコの人々の親日感情には、こうした日本人の行動があったのである。元は孟子の言葉に由来する「惻隠の情」は、江戸時代の武士道の精神にも影響を与え、日本人古来の普遍的な価値として心の中に浸透していった。日本の教育の根底には、この精神性の高さと、品位ある国家としての自覚を保持していくべきであると考える。

社会は「のりしろ」で繋がっている

「教師」という職業の守備範囲は広い。今日、教師はどこまで家庭に入り、どの分野を家庭に任せるかなどが曖昧になっている。いままで学校と家庭の共同作業で成り立っていた教育（勉強は学校、しつけは家庭）もいまでは、その棲み分けすら難しくなってきている。

むしろ、教師が家庭のほとんどの部分に入り込まざるを得ない状況になっている。

缶コーヒーのCMに「世界は誰かの仕事でできている」というフレーズがある。

今日の社会は、誰かが、誰かのために一生懸命仕事をすることで成り立っている。自分の持ち場、持ち場で責任を持ち、額に汗しながら懸命に努力することが、誰かのためになっているのである。しかし、型にはまった仕事だけで動いているわけではない。自分の仕事ではないが、やらなければ誰かが困ることもある。小さなことだが必要なこと、表に出ないがなければ進んでいかないものもある。トイレのスリッパ並べや会議をするための会場づくりなど、義務感や損得で行動しているのではない。人は、元来誰かのために行動しようとする気持ちを持っている。社会は仲間意識や連帯感という気持ち以上の「のりしろ」の部分で繋がっている。

「教師」という職業により、次世代を担う子どもたちに、「社会は、個人の優れた力だけで成立するのではなく、人と人との繋がり、つまり、のりしろの部分で繋がっていること」を伝えている。

教育の基本は自分が学び続けること

学校は、教師と子ども、教師と保護者・地域住民、教師同士の信頼関係で成り立っている。中でもそのリーダーである校長の経営手腕により学校の雰囲気は大きく変わる。教師という職業の基本は、教師としての基本的資質と専門性を如何に習得するかである。その基本的資質である教育的愛情と人権感覚、使命感と向上心、組織の一員としての自覚について、本校の4年間で多くのことを学んだ。陸曹に任官し、立川の東部方面ヘリコプター隊配属後は、2年間ではあるが、部隊長の配慮により、法政大学夜間部に通学した。

その後、大学昼間部に編入、卒業後は熊本県の教員として教師生活をスタートした。小学校、中学校、高校の三校種とも経験した。また現職教員として熊本大学大学院（修士課程）の派遣を受け、また県庁知事部局への出向等により、教師としての専門性、及び行政組織も学び、更に教師としての視野を広げると共に、組織をマネジメントすることの必要性も学んだ。そのことが校長として職員をまとめる時、自分の大きな力となったと感じている。

「校長が代われば、学校が変わる」と言われる。教師として一生の職を選んだ以上、悔いの残る教師生活であってはならない。組織を有効に、かつ活発に機能させるためには、そこで働く構成員が、意欲的に職務を遂行できるよう、管理職は常に教育目標を念頭に置きつつも、職員のアイディアを企画・運営に生かすための状況づくり、マネジメントに徹することが最も大切であると考える。そして組織全体の力が最大限に発揮できる空気を、継続的に創造していくことが大切であると考え実践してきた。

元高校教師
鹿児島県出身

中学教育に生かしたこの学校での経験

第17期生　関口 慶明

少年工科学校を卒業後、大学に行き東京都の中学校教員として36年間の長きにわたり中学校教育に携わってきた。教育基本法の第一条に「教育は、人格の完成を目指し平和的な国家及び社会の形成者として以下略」冒頭に人格の完成とあるがほぼ、本校での教育や経験がいまの自分の根底にある。教員としての資質に必要である、指導力、統率力、判断力、協調性、先見性、積極性等々養われた。

教諭時代は、生活指導や部活動に励み土日返上で勤務していた。いまでこそ教員の長時間労働が問題視されているが、当時も長時間勤務だった。現在は、様々な施策が学校現場に降りてきておりようやく改善の兆しが見えてきた。

20歳代は、若さに溢れ無我夢中の時だったが30歳代になり、長くこの職務を続けるならば海外の地でと大志を抱き、日本と環境の異なる海外でチャレンジしたいという思いから、海外日本人学校の教員に応募した。全国選抜であり、かなりの応募倍率であったが文部省から派遣されることになった。最終面接時に文部省の官僚がよく本校のことを知っていたことを思い出す。当時、中学校から最終進路の調査があり、但し書きに本校は専門学校の扱いであった。自衛隊出身だからアフリカや中近東の赴任を予想していたがニューヨーク日本人学校の内示をもらったのが、湾岸戦争の起きる2日前だと記憶している。治安も決して良くないところであり、自分の身の安全は、自分で守ることを学んだ。

学校移転やそれに伴い住居の移転等を通して慣習など違いに驚いた。後日談として担任していた生徒の中には大学卒業後、航空自衛隊の幹部自衛官の道に進んだ教え子もいる。任期の3年間を終え無事帰国した。

帰国してからは、学校の中核となる生活指導主任、教務主任などを経験し、学校経営の魅力を感じ管理職試験を受験し副校長になった。16年間の長きにわたり管理職を務めることになった。渋谷区立松濤中学校副校長時代の平成19年6月19日午後2時18分突然雷が落ちたかのように大きな爆発音と校舎の窓ガラスが割れんばかりの音がした。

空は晴れであり雷ではないと判断し、地上爆発と確信した。生徒にはすぐ校内放送で教室待機を指示し、教員2名に学校周辺を見るように指示したところ学校近くにある温泉施設が爆発したとの連絡を受けた。しばらくして消防、警察等がけたたましいサイレン音や上空にはヘリコプター音で会話が聞き取れないほどであった。生徒を体育館に集め教員引率の下で無事に下校させた。機甲職種であったからこそ地上爆発と判断できた。死者がでた大惨事であり、時間によっては生徒が巻き込まれていたのではないかと背筋が凍る思いであった。

八王子市立別所中学校長時代に生徒57期、58期、59期を輩出した。

生徒にはこれからの学校生活は様々のことがあるが卒業まで頑張れと送り出した。３名共に卒業し、卒業式に参列したが、厳粛で規律正しくたくましく成長した姿に感動した。

また八王子募集事務所の支援を受け、東日本大震災講演会を行い現職幹部自衛官２名を招聘した。生徒たちは、自衛官の制服姿を初めて見る生徒も多く、感想文の中には、自衛隊の活躍を知り将来自衛官になりたいと記した生徒もいた。卒業式にも来賓として制服で出席していただいたが教職員や保護者、職員団体から一切批判もなかった。時代が変わり多くの国民から支持され頼られる存在になっていると実感した。

世田谷区立千歳中学校長時代では、生徒数７００名在籍し大規模校で部活動が盛んな学校であった。若い教員も多く活気があった。区内中学校29校が参加する連合陸上大会があったが選抜した生徒の練習に自分も迷彩Ｔシャツで生徒を激励し、一緒に走ったりしていた。

これには教職員も驚き大会に向けて真剣に取り組み始めてくれた。一つの意識改革であり、校長自ら範を示せば人はついてくるという考え方である。お陰様で10年ぶりの総合優勝を飾ることができた。ＰＣに向かっている時間が多く生徒と共に汗を流すことの大切さを改めて痛感した。吹奏楽部は、常に金賞をとるほど優秀な部活動だった。生徒、保護者を自衛隊音楽まつりのリハーサルに武道館に引率した。迫力ある演奏ときびきびした動作に圧倒され、和太鼓演奏には生徒たちも感激していた。

現在は一教員として芸術科の書道を担当している。教えることは自ら学ぶという信念から書家を目指している。毎日書道展に入選し、次は日展を目指しているところだ。

自身の回想記になってしまったが、同期生の中に私を含め三人教職の道に進み、三人共に管理職として学校運営にあたった。共通することは、根底の中に少年工科学校の教育があったからだ。いまでも「気を付け」は体側に拳であり「礼」は10度である。

これからも生徒出身である誇りを矜持しながら生きていく。最後になったが多くの同期生は、現職を全うされ敬意を表すと共に高等工科学校のますますのご発展を祈念する。

関東国際高校シニアアドバイザー
静岡県出身

中途半端アスリートがオリンピックへ出られた理由(わけ)

第25期生　山﨑　良次

少年工科学校へは合格をしたことの喜びだけで入校した。大変な生活が始まり、なぜか区隊委員長を命ぜられ、１学期は全く余裕のない日々だった。ただ、一般の高校生とは違うというプライドと充実感はあった。

２学期になって、生活にも慣れ、少し考える余裕ができると、学校での生活も特別なものではなく、中学生の時にあれほど真剣にプロ野球選手になりたいと血が滲むまでバットを振っていたのは、何だったのかと思い出した。辞めてもう一度やり直したいと、連絡帳にも綴っていた。

そんな時期に、区隊のH助教から「山よ、おまえはレスリングをやれ、オリンピックの金メダルを目指せ」と言われたことから、それまでとはまったく別世界の目標が定まり、学校生活は一変したのである。幸い国体で優勝できたので、スムーズに自衛隊体育学校入りが決まり、本校出身のエリート街道とはまた違うが、これはこれでオリンピックへ向けたレールには乗っていたはずである。

しかし、レスリングの合宿で縁ができた大相撲の世界へ転身してしまった。いまでも好きなスポーツは「プロ野球と大相撲」というくらいに憧れをもっていた世界であり、レスリングの強化目的で１ヶ月の体験合宿をしたことで、憧れは、現実の自分の進路になった。ある面、華やかな世界でもあり、入門に際しては、マスコミでも取り上げられことから、同期のみんなが壮行会を催してくれ、本場所では本校関係者から手紙や電報、差し入れなどを頂いた。ところが……挫折。

稽古がきついとか相撲が嫌いになったとか、一度も思ったことはない。ただこの部屋に居たくないと思ってしまった。いまでも目的を見失った短絡的な行動であったと後悔している。

本校の同期であり、私と同じく自衛隊を退職していたＳの部屋へ転がり込み、何もかも失ってふさぎ込んでいるところへ、どこでどう調べたのか、施設学校時代のＭ区隊長（５期）や少工校のＨ助教から電話が入ったことを覚えている。こんなにありがたい行為にも当時は反応できなかった。

しばらく路頭に迷った後、社会復帰するために必要だと新たにチャレンジしたのはカヌーだ。これもＨ助教の配慮で環境をつくることができ、カヌー漬けの2年間は、16期のＫ先輩に指導して頂いた。

カヌーでは自分が決めた期間をやり遂げ、落ち着いて社会人生活を始めたのが24才で、合宿形式の階層別基本研修を行う会社へ入社した。インストラクターとして充実した日々を過ごすことになる。

しかし、26才の時に、自分よりずっと年上の人たちが一所懸命に研修へ取り組む様子を観ていて刺激を受け、競技復帰を決意した。アスリートとして結果を出す、「日の丸を一度はつけたい」、この思いで、カヌーへ再チャレンジしたのである。会社も辞めて専念する環境を整えた。ところが、肩の関節炎、ヘルニアなどで思うような練習ができない日々が続き、追い込まれた感じになっていった。

そんな時に、ボブスレーの誘いを受けて日本代表チームの合宿へ参加したのである。その頃の代表選手と基礎運動能力に差があまりないことと、カヌーよりもボブスレーの方に適性があるということで、土壇場でまた競技転向した。半年程度のトレーニングと調整で国内最終選考会を迎え、なんとかこのシーズンのワールドカップ日本代表選手に選出をされた。日の丸をつけて海外へ行ける日がようやく来たのである。

日本連盟から電話で連絡を受けた時の喜びは一生ものだ。自分のことで天にも昇る嬉しさを味わったのは、学校時代にレスリングで全国優勝をして以来、10年ぶりだった。その後、ワールドカップを転戦し、更にふるいに残って、オリンピック代表へ選出されたのだが、喜びは間違いなくワールドカップ日本代表の方が大きかった。

ただ故郷の両親には、自衛隊を辞めてガッカリさせ、大相撲で地元の方に顔見せできないような恥ずかしい思いもさせた経緯があるので、オリンピックというメジャー大会に出場できたことは良かった。

本校から始まる素晴らしい人たちとの出会いが人生を彩っていることは間違いない。H助教と出会わなければ、レスリングを始めていないし、大相撲へいくことにもならなかったはずである。カヌーでは、2008年に病気で亡くなられたK先輩に、どの教え子よりもお世話になった。

裏方に回ってから、長野オリンピックにヘッドコーチで出場したり、アテネオリンピックで女子マラソンランナーNのチームに関わったりもしているが、指導者としては、これまでにお世話になった方に遠く及ばず、いまもなお背中を追いかけている。

また本校が競技スポーツの原点であり、一般高校にはない学校環境が、不器用でバランス感覚も悪い少年から、高いレベルでの集中や行動力を引き出したのだと思う。

「一日一生、一瞬は永遠なり」……本校3年生の時に、トレーニング日誌へKさんが書いてくれた言葉である。その時その時を大切に一生懸命頑張りなさい、そうやってつかんだ栄光は永遠に語り継がれる、というような意味だと聞いた。

「金メダル」には、及ばない「出ただけ」の選手だが、オリンピックではじまり、一応オリンピックで終わることができた。語り継がれるには、安っぽい結果であったと感じている。

歳を重ね、いまは本校で培った克己心や、掴んだ活躍のステージを上げるコツを、後進の若い世代へ伝えていくことが使命だと自分へ言い聞かせている。

アスリートアドバイザー
群馬県出身

著者プロフィール：
1963年群馬県嬬恋村生まれ。陸上自衛隊少年工科学校卒業。早稲田大学大学院スポーツ科学研究科修士課程修了。企業向け階層別基本研修、及び講演講師。アスリートアドバイザー。

1992年アルベールビルオリンピック

展望編

「展望編」とは、少年工科学校の教育内容、日本の現状、社会情勢等を踏まえ、将来の高等工科学校の教育や我が国の教育を展望し、その在り方等について書き下ろした文を編集したものである。

少年自衛官に憧れて入隊し人生の大半を日本防衛に捧ぐ

第9期生　山上　満

小学5年生頃からあこがれていた「少年自衛隊（俗称）」に、15歳で少年工科学校の前身である陸上自衛隊の自衛隊生徒教育隊に入隊した。

少年自衛隊という名前は、小学校の高学年の頃に父から聞き、それ以来ずっと少年自衛隊に行くんだと周りに言っていたようだ。（中学の担当教諭の話）

少年自衛官に憧れ晴れて少年工科学校（陸上自衛隊生徒教育隊）に入隊し人生の大半を防衛に捧げることになったが、このことについては古希を過ぎたいまでも充実した納得のいく選択だったと誇りに感じている。

本校出身者には、共通して同窓生、同期生の絆を強く感じている。現役時代に防衛大学校出身の人から、生徒出身者（少年工科学校出身者）の団結、同期生愛はすごいとよく言われた。これは生徒出身者の団結があまりにも強すぎて部隊指揮官としては少々困っていた。

中学を卒業して右も左も分からない幼い少年時代に寝食を共にして生活して来た同期生は、

本校を卒業し自衛官の道に進まなかった者でも毎年実施している同期生会には、欠かさず出席してくれる人もいる。少年時代に同じ釜の飯を食った者同士の想い、固い絆は、容易には解けないものである。

感受性が強い年代に初めて家族と離れ初めて会った見知らぬ男の子たちと団体生活を始めたが、誰もが体験したことのない様な厳しいしつけと時間に追われる生活に無我夢中の日々を過ごした2年間は、その後の人生を過ごすための大きな太い幹となった。

武力紛争における児童の関与に関する条約の選定議定書について

１９２０年代に英国軍において少年技術兵制度が創設され、これが世界の近代軍隊における国軍の中堅技術者の養成を目的とした少年兵の嚆矢（こうし）となり、旧日本陸海軍もこれに倣い、海軍飛行予科練習生、陸軍少年飛行兵、陸軍少年戦車兵、陸軍少年通信兵等の少年兵制度が設けられ太平洋戦争終結まで存在した。その歴史の中で紅顔の少年たちは、その過酷な訓練に耐え自らの誇りを胸に戦時においては、祖国の勝利を信じて地獄と言える戦場に赴き多くは、今日の平和な日本の礎となった。

戦後10年の時を経て、憲法上では軍隊ではないとする自衛隊においても、１９５５年４月初旬、現代の少年兵とも言える自衛隊生徒制度が発足し、以来、昭和、平成と半世紀以上に渡り多くの陸海空自衛隊の基幹要員を輩出してきた。陸上自衛隊では、自衛隊生徒教育隊という教育部隊で教育されていたが昭和38年に少年工科学校となり、陸上自衛隊生徒第9期生として小学生の頃から憧れていた少年自衛官として初志を貫徹すべく教育訓練に励んだ。

しかし、国の総人件費削減事業の一環と共に国連で採択された「武力紛争における児童の関与に関する条約の選定議定書」を、日本も国会で承認されたことから、自衛隊生徒制度も大きな変革を求められ、海上、航空自衛隊は2007年度採用をもって廃止されるに至ったが、陸上自衛隊は何らかのかたちで存続を望む卒業生たちの努力と積み重ねてきた実績により生徒教育課程の存続が認められた。ただ2010年度より生徒そのものは、従来の自衛官という身分から、非自衛官である特別職国家公務員「生徒」になり、少年工科学校も現在は高等工科学校という名称で、少年自衛隊の精神、就中、国家への奉仕の精神は、引き継がれていると確信している。

自衛隊は、その生い立ちから今日まで自衛隊を取り巻く環境は、必ずしも好感をもって受け入れられていたとは思っていない。現に自衛官として若かりし頃、税金泥棒と罵られた隊員もいたようである。幸いにも?直接的にはその様な屈辱的な経験はないが、列国軍隊に比べ国民から見る社会的地位の低さは、改善されるべきと思っていたが、最近やっと日の目が見られるようなところへと来つつあると感じている。

政府は、憲法上の解釈から、自衛隊は、軍隊ではないと苦しい言い訳で今日まで終始している。

自衛隊は、実質的に諸外国から見ると軍隊であり、自分も軍人であったと自覚している。

憲法九条の改正議論の中で自衛官の社会的地位を明確にするという条項が取りざたされているが、この議論を通じて国防に関して国家、国民の意識を是非とも変えてほしいと願っている。

我が国の中等教育に望むこと

我が国の中等教育は、単なる学術を学ぶ学校ではなく、日本国国民として日本の将来を担う人たちを養成する学校として、国の将来の有り様を正しく想い描くことができ、また日本国民としてその先導役になることを意識できるような人を育てていただきたい。

近年、そのような志を持った人材の育成を目指す学校が逐次増えてきたことは、喜ばしいことであるが、更に国（社会）に奉仕する心を磨く学校として発展するよう、願わくば国としての施策がなされることを願うものである。

元武器学校教育部長
鹿児島県出身

ここの「存在意義」と「展望」

第13期生　佐藤修一

少年工科学校（現／高等工科学校）の「存在意義」と今後の「展望」について、OBの一人として忌憚なく、それぞれ三点ずつ言及させて頂く。

存在意義

日本において、中学を卒業した時点で親元を離れ、素直・純粋無垢な生徒を一人前の自衛官に育て、その後40年以上にわたって自衛官・防人として奉職させる本校は、先進国では稀有の画期的な人材養成機関である。

「若き武人」の育成である。

全員が隊舎生活で、一人ずつに銃が貸与され、規則正しい集団生活を通じ、志を持った防人が育成される。特に若い時に、心身共に規律・時間等の各種制約を受け、同期と共に汗を流し、知徳体、強さと優しさとのバランスのとれた人材が養成され、まさに武人育成道場である。

「ノーブレスオブリージュ」のマインド育成である。

英国の全寮制パブリックスクール卒業生の伝統は、いざ国難の時に、先頭に立って自己犠牲を惜しまない勇気と行動をとることである。その意味において、本校も世のため・人のため貢献するパブリックマインドが育成されている日本唯一の学校であろう。

「技術集団」の育成である。

歴史的に、日本は匠の国であり、製造業を得意とする国である。近代兵器・ハイテク兵器を扱う自衛隊の中で、唯一幼少のころから校風の「科学精神」にもあるように一般教養と合わせ、近代兵器を扱うハイテク技術を身に付ける学校でもあり、その価値は、今後技術の日進月歩の中において群を抜き必要不可欠な学校でもあろう。

今後の展望

個人的に、現状の高等工科学校の中長期的な存続に危機感を抱いている。なぜならば、現下の日本の豊かな社会において、人口構造上の顕著な少子化、大学・専門学校等への高学歴化、合わせて職業選択時の３Ｋ回避等から、募集難の慢性化が今後益々顕在化され、任期制隊員システムも見直され、よほど根本的に「生徒システムの魅力化改革」

を図らなければ、現在の高等工科学校は、ジリ貧か廃校の道をたどるに違いない。従って、魅力化の具体策の一助として次のような学校改革案を提示する。

高学歴社会対応上、卒業生への「学歴付与」である。

まずは現状の通信制でなく普通の高校卒業学歴の付与である。かつて、防衛大学校も途中から学位が与えられるようになったが、高等工科学校も早期に普通の高卒卒業証書を与え、資格において遜色のない待遇が必要である。

また卒業後、中堅陸曹として任官しても、強制的にでも夜間でも通信でも良いから短大・大学の卒業資格、または自衛隊スキル上必要な国家資格を取得させ、諸外国の各国軍隊にも引けをとらない箔を付けるべきである。

陸海空の「統合学校」とすることである。

新大綱では、多次元的統合運用を掲げており、防衛大学校のみならず、生徒からも統合マインド育成が必要であろう。「統合高等学校」として「定員を500名以上に拡大」し、中期または、卒業後に陸海空に要員を振り分けるべきであろう。この際、更なる少子化の中、優秀な人材である「女子生徒の入校」も検討すべきであり、その際には、「校名変更」も視野に入れ、高等工科学校から、「防衛高等学校」、また「自衛隊高等学校」等に変更すべきであろう。

「防衛大学校への進学を50名以上」にさせるべきである。

勿論、中堅陸（海空）曹を第一義に目標としている学校は、普遍であっても良いが、経験上、防衛大学学生と高等工科学校との資質能力においてほとんどその差異はなく、生徒出身者が定年時には90％近くが幹部になっている現状と、旧軍においても幼年学校から士官学校への道筋があったように、優秀なる人材の早期発掘と適材適所の人材活用などから、防衛大学校に1割以上は進学させる制度が必要であり、それが生徒募集の一助にもなるのではないか。

終わりに、

霊峰富士山を毎日眺め、風光明媚な武山で、幼少の自分を鍛え自立心を涵養し、辛抱環境が心棒を鍛えてくれ、へこたれない自分を育んでくれた母校・少年工科学校に限りなき誇りと感謝を感じ、母校の更なる発展を心から祈念している次第である。

元第2師団長
北海道出身

我が国の将来に必要な教育として

第14期生　和田　篤夫

第14期生として少年工科学校（現／高等工科学校）に入校して早半世紀、約50年が経過した。自衛官として約40年間勤務した後、定年を迎えた静岡県御殿場市で市議会議員となり、現在は静岡県議会議員として三期目を迎え、自衛官OBの地方議員として長年勤めた自衛隊での経験を生かした災害に強い地域づくりを中心に活動している。この間、様々な年齢や職域の人たちと出会い、意見を交わす中で、また全国各地で活躍している同期生等と連絡を取り合いながら、自分の生き方や物の考え方を見つめる時、「原点は、少年工科学校にあったのだ」と改めて感じている。

本校とは、①全国各地から生徒が集まり、労せずして多様な地域性を体感できたこと。②所謂、寄宿舎での団体生活で寝食を共にすることにより、強い友情と信頼、生活の躾や団結力の大切さを知ることができたこと。③一般教科の教育の他に自衛隊の教育もあり、これを通じて、日本と言う素晴らしい国の在り方を考えられたこと。④同期はもとより、先輩・後輩との強い絆を持つことができ、自衛隊勤務間の階級にとらわれず、いまでもその関係を保持できていること。⑤各種のスポーツを通じ強い身体を作ることができ、体力、気力に自信ができたこと。等だが、これらの教育や団体生活を通じて社会人として大切なもの、すなわち礼儀、協調性、他人への思いやり、奉仕の精神、日本人としての意識の自覚、権利よりも義務、精神力等々を身につけた。

島国の日本は、資源エネルギーがほとんどない資源小国で、食糧の自給率もいまや約4割程度、更には急激な少子高齢化が進んでいるが、そんな状況の中で日本の進むべき方向としては、いま以上に世界の国々との友好関係を築きながら、日本人としての勤勉さと技術力の高さを発揮しつつ国の豊かさを維持するほかないと考える。

第二次世界大戦終結から今日まで平和な時代が続いているが、社会のあらゆる分野での急激な変化と共に価値観も多様化し、個人主義や権利主義的風潮が強くなったような感じがしているが、最近行われた日・米・韓・中4ヶ国の高校生の生活と意識に関する調査報告書によると、日本の高校生は、自尊感情が低く内向きで、親子関係はうまくいっているものの、親に対する尊敬や将来親の世話をしたいと思っている割合は4ヶ国の中で一番低く、更に自分と国の発展に関連性を感じておらず国のために尽くそうと思っている高校生の割合も一番低い結果となっている。一方、自然体験をした高校生は、正義感や思いやりが生まれ、自尊感情も自立意識も高まるとのデータも出ている。これらの調査結果から見ても、いまの高校生に足りないと思われる日本人らしい徳目を身に付く可能性の高い少年工科学校の教育は、実践例として大いに参考あるいは取り入れるべき要素の多い教育制度であると確信していることころである。本校で過ごした数年間は、年齢的に言えば高校生の時代であり、少年から大人になる過程の中でもとても大切な時期で、この時期に受けた教育やその環境が後の人間形成に大きな影響を与えることは間違いない。いまも本校出身としての誇りを胸に、色々な機会をとらえて教育の大切さを伝えていきたい。

静岡県県議会議員
福岡県出身

思い出

第17期生　浦野　重之

昭和46年（1971年）4月5日、生まれて初めて東海道新幹線に乗り、小田原駅経由で横須賀駅に降りたった。駅前には、入校予定者と家族のために隊員が待機しており、その案内で京浜急行のバスに乗り、武山駐屯地近傍の長井地区にある旅館に旅装を解いた。

前年に出身地近くの大阪千里丘陵で、アジア初かつ日本で最初の国際博覧会としてEXPO'70が開催され、戦後の高度経済成長期から安定成長期へ移行する時期であり、世の中の景気は、良かったが、両親と長距離列車に乗ったことや、旅館に泊まったことは初めてであった。いまは共に鬼籍に入った両親から「旅行をしたのは私や弟の学校関係の用事のみであった」と聞かされてから長い時間が過ぎている。豊かな人もいたが、そうではない人もいた。そんな時代であった。

翌日、着校し真新しい生徒用の70式制服を貸与され、第17期陸上自衛隊生徒の一員となった。当時は各学年2個教育隊、各教育隊6個区隊で約500名の同期生が希望に燃えて入校した。自分は、第1教育隊第2区隊、区隊長A2尉、付陸曹A1曹・I3曹、前期指導生徒Y・O先輩の下、新たな生活が始まった。1・2年次にクラス替えはなかったが、3年次の専攻指定に伴い電子他5専攻にクラスが再編された。

一般、及び専門科目と生徒隊科目、基本教練から始まった各種の訓練やクラブ活動に汗を流し、3年間は、正に光陰矢のごとく過ぎていった。この3年間、教場と廊下を挟んだ区隊の寝室は、中央部が天井まで届くロッカーで仕切られてはいたものの、2段ベッドがずらりと並び、15歳から18歳の男子40名以上が居住するという、いまでは考えられないアニマルハウス状態だった。あるとき「風疹」が発生し区隊が隔離され、区隊長が上司の教育隊長から強い指導を受けている現場を目撃し、自分は罹患しなかったが、申し訳なく思ったことを記憶している。「明朗闊達」「質実剛健」「科学精神」の校風の下、有形無形の多くを学んだ。

小田和湾越しには富士を仰ぐことができ、風光明媚な情景が心身を休ませるということを身をもって理解した。また先輩からの個別の指導や武山嵐（夜間に行われた、上級生有志による就寝中の下級生クラスに対する集団指導）など、一日一日にはそれぞれのドラマがあったのであろうが見栄も虚飾もない、同じ服装での生活のためか、不思議と嫌なことは憶えていない。寝食を共にする同級生や同期生の間で、「One for all, All for one」の精神が自然と生まれたからであろう。互いに切磋琢磨して多感な年代を共にしたことは、一生の財産となっている。そして、それが、「一人は皆のため、皆は一つの目的のために」という、ラグビー用語の「One for all, All for one」本来の意味を達成できた。

我が国に駐在している武官団一行が少工校を訪れる前に、「諸官の姿が立派であれば外国の侵略を未然に防止することができる」という精神教育を受けたことを記憶している。同様の訓示を自衛隊記念日中央式典パレードの前にも受けたことがある。

卒業後、各々が各々の場所で務めてきた結果として、入校直後に宣誓した「事に臨んでは危険を顧みず、身をもって責務の完遂に務め、もって国民の負託にこたえる」場面を生じさせることなく、在職間に他国の侵略を許さなかったことは誇りとなっている。

平成23年12月、自衛官としての勤務を終え、その翌日から埼玉県中部にある私学で勤務している。私学の学生に20世紀の自衛隊生徒のパフォーマンスを期待することは無謀なことかもしれないが、少なくとも、学生に対して、勉学を続けることのできる幸運を理解させ、社会や父母に対する感謝の念を持たせ、そしてこれらに応じた責任を自覚させる。

このことを念頭に、教・職員としての自己の立場に応じた指導をしている。わが国の経済は、２０１２年11月を底に緩やかな回復基調が続いていると言われているが、回復は内需と外需の双方によるもので、国内外情勢の変化によっては、戦乱や経済的な混乱が生じないとも限らない。特に、いまの学生世代は、「私」のみにしか関心がなく、「公」に対する理解が欠如しており、更に、貧困を経験していないので、国家の非常事態や経済状況悪化に対する耐性がないのではないかと懸念している。

いま自衛官としての第一歩を始めた横須賀市に居住している。嘗て臨海公園と呼ばれた場所は、横須賀製鉄所（造船所）を建造したフランス人技師の名前からヴェルニー公園と名を変え、初夏はバラの名所となっている。立入りが禁止されていたドブ板通りは、令和元年のゴールデンウィークには海軍カレーやネービーバーガーを求める人たちで多くの人出だった。横須賀駅も構内のコンビニや券売機、自動改札などにより、細かいところでは姿を変えているが、階段の全くない、バリアフリーの横須賀駅は健在である。変化が必要なところは変わり、変化すべきでないところは変わらない。

この地域を通るとき48年前を鮮明に思い出す。いまほどは豊かでない時代に、返還前の沖縄を含む日本各地から武山の地に集った約５００名が、一つの目的のために寝食を共に切磋琢磨し、汗を流し、わが国発展の一端を担いうる人材へと成長した。そして、当面の任務を完了し、その後に得た役割を担い続けている。

元 化学兵器禁止機関（OPCW）
技術事務局運用計画部長 出向
大阪府出身

次代を担う教育に期待すること

第18期生　和久井誠一

はじめに

現在、日本ウェルネススポーツ大学に勤務している。

ここに至るには少年工科学校卒業後、一般大学に進み、その後地元である栃木に戻りそれを機に教育の道を志し、県立高校で37年間勤務した。そして定年退職後も縁あって教育に携わっている。

少年工科学校が育んだもの

結果として教職の道に進んだわけだが、自分でも気付かなかった教師としての資質を磨き、そして育ててくれたのは本校である。またこれまで出会った生徒たちに伝えてきたものは、少年工科学校での学び、指導を通じて培われたものが基盤となっている。例えば、「人のために、国のために役に立ちたい」という気持ちは、まさに本校は、教育的愛情、教育的信念の背景であることは間違いない。

現在の子どもや教育の姿

子どもたちの教育に志を持つ教師の献身的な取組の結果、日本の子どもたちは、世界トップレベルの学力水準へと高め、社会性を育んできた。一方では、子どもの気質が時代と共に変化する中で、日本の子どもたちは内向的で、自己肯定感が低いとも言われている。実際に大学で学生指導をする中で、挨拶がきちんとできたり、規則は守る等良さはあるものの、仲の良い友達としか会話がなかったり、複数の人前で思ったことが言えない等の点において物足りなさを感じている。

次代を担う教育に期待すること

学校教育においては社会の急激な変化と共に、語彙力や読解力の低下、学習意欲の希薄化、問題行動等の多様化等、様々な課題が顕在化しており、そのような中、子どもたちには、読解力や情報活用能力、対話や協働を通じて知識やアイデアを共有し新しい解や納得解を生み出す力等が期待され、学校には、子どもたちの学びの変化に応じた資質・能力を有する教師、多様性があり、変化にも柔軟に対応できる教師集団等が期待されている。

そこで、いま、私たちの世代が伝えるべきことは何か。それは、まさに、少年工科学校時代の経験から得たもの、恩師、諸先輩から受け継がれたスピリットではないか。苦楽を共にし、互いに助け合い、励ましあうなど、教育に携わる者として、このスピリットを伝えることを最大の任務と捉え、今後も学生指導に当たっていきたい。

結びに

最近ではスマホとやらが主流の時代だが、当時は1台の公衆電話に何十人も群がり順番を待ち続けていたこと等走馬灯のごとく頭をよぎる。本当に40年の隔世を感じる日々である。

元高校教師
栃木県出身

現代に必要な教育

第31期生　湯浅　征幸

はじめに

約30年振りに母校に帰って来て、現在、生徒教育に携わっている教育部長としての所感を述べる。

教育とは何か

教育は次世代を育てる営みであり、人間形成に関わる精神的な影響を与えるとして、家庭教育、学校教育、社会教育に大別される。地域のつながりが弱まり、家庭状況も多様化する中、やはり学校教育は主軸になっている。学校があらゆる教育の中核として期待を集めている。

教育を取り巻く環境の変化（各種の教育問題）

晩婚化等に伴う少子化、格差社会化、貧困家庭の増大、人間関係の希薄化、サイバー空間の広がりといった社会・文化環境の変化によって、適正な育ち方をしていないと思われる子どもたちが増加している。また人間性を高めるような競争が起こらず、目の前の低いハードルさえクリアしてしまえば安泰という感覚が蔓延り、子どもたちの競争意識の低下に伴う学力低下も懸念される。

教育部長を経験して感じた現代青年の特性（昭和世代と平成世代との比較）

人　的	物　的	環境的
○中学生の時、塾に通っていた子が多く、自ら考えて勉強しない（思考力の低下） ○近年、算数・数学が弱い、忘れ物が多い（記憶力・分析力の低下） ○言われたこと（与えられたこと）しかやらない・できない（受動的、積極性の低下） ○自分を正当化して言い訳をする、あきらめが早い（消極的） ○新聞を読まない、活字に弱い、漢字が書けない（語彙力の低下）	○スマートフォン世代・ゲーム世代（内向的、コミュニケーション能力の低下、人とかかわる力の不十分さ）（スマートフォンでの情報収集は早いが、悪い面の方が多い） ○SNSの危険性が増大（何も考えず安易にSNSに投稿）	○少子化で親の愛情を過剰に受け過ぎ（マザコン、ホームシック、何でも親に報告） ○ゆとり教育を受けた世代（親）の子どもたち ○家で遊ぶのが中心、インドア派（体力の低下、特にボール投げ、基礎体力のなさ） ○昔のやり方（手をあげる）は通じない（パワーハラスメントに直結）

本校在校中の思い出

中学校を卒業後、昭和60年3月28日、本校に自衛隊生徒第31期生として入校した。15歳の少年としては、不安と期待で胸が一杯だった。

在校中の思い出は、知の面では、全国から約20倍の倍率の試験を突破している生徒が一堂に会するわけで、授業についていけるかが心配だった。徳の面では、中学校に比して上下関係が凄く厳しかったことである。先輩には逆らえず、絶対的な存在だ。最上級生の3年生になると、クラブ活動等において、必要以上にリーダーシップを発揮する。

その他には、入校してから約3か月間、模範生徒制度で3年生が課業時間外（授業以外）に衣食住の面倒を見るため、精神的にも負担があった。体の面では、中学生の時はサッカー部に所属していたものの、体力に自信がなかったので心配だった。特に、懸垂は1回もできず、起床後の間稽古や授業の合間の練成により、体力検定では100点満点である26回までできるようになったのが、とても嬉しかったことを覚えている。また同級生である同期とは、切磋琢磨して勉学に励み、苦楽を共にし、お互いに助け合い、困難を乗り越え、目標に向かって励まし合い、少年工科学校を語るにはなくてはならない存在である。

要約すると、文武両道で頑張ったことと、掛け替えのない同期ができたことが思い出である。

本校で養われたこと、そして、現代に必要な教育

教育者である教育部長の立場から述べると、生徒が志した陸上自衛隊は、我が国の平和と独立を守り、国民の安全・安心を守ることを使命としている。平素からの警戒・監視、災害派遣、更には国際平和協力活動等においても、常に国民に寄り添いながら、確実に任務を遂行してきた。

陸上自衛隊は、我が国防衛の「最後の砦」とも呼ばれている。生徒は、その陸上自衛隊の将来を担う「宝」である。昭和30年入校の第1期生から数えて、約19，000名に及ぶ先輩たちが国内外で活躍している。諸先輩の真摯な努力もあって、いまや国民の自衛隊に対する期待と信頼は揺るぎないものとなっている。昨年度の高等工科学校の卒業式には、自衛隊最高指揮官である安倍晋三内閣総理大臣から、今後の活躍を期待するメッセージが届けられた。

昔は本校で生徒課程（前期）を3年間学び、18～19歳で卒業し、職種学校で生徒課程（中期）を約8か月学び、じ後、部隊で生徒課程（後期）を約4か月学んだ後、3等陸曹に昇任すると共に、正式に部隊配属となる。部隊には、本校を卒業した先輩が数名いるので、職務を懇切丁寧に教えてもらい、かつ、自らも積極的に学ぶ。時代は異なるものの、厳しい本校を卒業したことで、在校中の厳しい上下関係とは一変して、部隊では優しく、かつ頼もしい先輩に変わる。本校に引き続き、部隊においても「少年工科学校の教育」の延長として、先輩の方々が後輩

たちの面倒を見ることが有益なものだと推測する。

職務において「自ら学び、自ら考え、自ら行動する人材の育成」を主眼として、後継者の人材育成に励んでいる。「じんざい」には4種類あると考える。部隊で活躍して自衛隊の財産となる人は「人財」、普通の人は「人材」、部隊にただいるだけの人は「人在」、部隊にいるだけで迷惑を掛けて罪な人は「人罪」である。部隊では、将来の日本を背負う若い「じんざい」に期待しており、その期待に応えるべく後輩たちが「人財」になれるように、自らも精進しながら日々育成に励んでいる。最後に、「少年工科学校で受けた教育」、及び「高等工科学校で実施している教育」で培った識見と経験から、「当たり前のことを当たり前にやる。やるべき事をきちんとやる。そして、やってはいけないことを絶対にやらない」ということを徹底して教育することが、現代にも必要ではないかと痛感している。

高等工科学校教育部長
北海道出身

この時代に必要な教育

第34期生　木村　顕継

はじめに

少年工科学校を卒業して28年が過ぎ、この間のＩＣＴ（Information Communication Technology: 情報通信技術）の発達は目覚ましく、社会を根本から変えている。この時代＝ＩＣＴが発達した時代に必要な高等工科学校の教育について述べる。

いま必要な高等工科学校の教育

ＩＣＴの発達と我が国が目指す未来の社会について

ＩＣＴの発達を携帯電話、及びスマートフォンを例として説明する。個人が持ち運べる肩掛け式の携帯電話（重量約３ｋｇ）が登場したのは、１９８５年であり、現在では様々なアプリケーションが使用でき、動画の撮影や視聴もできるスマートフォンが普及している。

今後は５Ｇ（5th Generation：第５世代）と言われる超高速・超大容量、超大量接続、超低遅延の移動体通信が可能となる。

またＡＩ（Artificial Intelligence：人工知能）の発達は目覚ましく、画像認識、翻訳、売り上げ予測、自動運転等の様々な分野で実用化されている。

内閣府は、２０１６年１月に策定した第５期科学技術基本計画において、Soceiety5.0という社会を我が国が目指すべき未来社会の姿として提唱している。具体的には、ＩｏＴ(Internet of Things:モノをインターネットにつなぐこと)ですべての人とモノがつながり、様々な知識や情報が共有され、いままでにない新たな価値を生み出し、ＡＩにより必要な情報が必要な時に提供されるようになり、ロボットや自動走行車技術で、少子高齢化、地方の過疎化、貧富の格差等の国家としての課題を克服できる社会である。

この時代をリードする人材に求められる能力と必要な教育について

１，リーダーシップ

たくさんのことを記憶し、必要な情報を取り出すことや、様々な組み合わせの中から最適なものを見つけ出すことについては、ＡＩの方が人間よりはるかに早く正確に行うことができる。人間にしかできない能力の中で最も求められる能力は、目標を確立してチームを構築し、課題を克服して目標を達成する能力、すなわちリーダーシップである。リーダーシップは経験を重ねることにより身につくものであり、教育、訓練、部活動、集団生活、余暇活動等、あらゆる機会で生徒に自主的に考えさせ、行動させ、課題を克服させて、チームとして目標を達成するリーダーシップを身に付けさせる必要がある。

2，ＩＣＴを使いこなす識能

５ＧやＡＩ等のＩＣＴを使いこなせる識能を身に付けるためには、ＩＰＡ（独立行政法人情報処理推進機構）が実施する「ＩＴパスポート」、「基本情報技術者」、「応用情報技術者」の資格を取得すると共に、ＣｏｍｐＴＩＡ（the Computing Technology Industry Association）が実施するシステム、ネットワーク、セキュリティの各分野における資格を取得していくことが必要である。

最先端のＩＣＴに実際に触れるため、５Ｇ、ＡＩ等の製品を製造している企業研修や企業が行っている展示会等に参加すると共に、ＮＩＣＴ（国立研究開発法人情報通信研究機構）等の国の機関や防衛装備庁、開発実験団、システム防護隊等の研修を行うことが必要である。

更には、ＩＰＡが学生向けに教育を実施するセキュリティキャンプ、企業や大学が学生向けに行うプログラム開発コンテスト等に参加して、一般の高校生と切磋琢磨するのも大変有効である。

3，英語

今後のグローバル社会において英語の能力は、必要不可欠である。英語を使って仕事をするためには、読む、聞く、書く、話す能力を総合的に高める必要があり、英語圏の大学に留学して授業を受けることができるレベルが必要である。このためには、留学受け入れの資格試験であるＴＯＥＦＬを受験させて、留学受け入れの基準である70～80点以上を目指して勉強することが重要である。

おわりに

高等工科学校の卒業生が今後の時代をリードし、我が国の宝として輝くことを祈念する。

陸上幕僚監部指揮通信システム課長
福岡県出身

歴代校長編

「歴代校長編」とは、少年工科学校の卒業生のうち学校長に就任した者が、自身が受けた教育を踏まえて、学校長としてどのような方針で後輩の教育に当たったかを書き下ろした文を編集したものである。

将来を見据えた生徒教育の本質

第12期生　武田 正徳

東京オリンピック翌々年の昭和41年3月、陸上自衛隊生徒第12期生として、宮城県の中学校を卒業後、全国から集う約500名の同期生と共に神奈川県横須賀市にある少年工科学校（武山駐屯地）に入校した。自衛隊生徒は、技術部門の陸曹（下士官）を養成する学校で、技術的な知識と技能を持ち、知・徳・体を兼ね備えた伸展性ある陸上自衛官としてふさわしい人材を養成することを目的に、昭和30年に制度が発足した。教育は、普通科高校と同様の一般科目、工業高校に準ずる技術科目、陸上自衛官として必要な防衛基礎学を学び。身分は特別職国家公務員で、入校した当時は、自衛官で階級（3等陸士）が付与され、俸給が支給されていた。

米軍が使っていた木造隊舎の一階が居室で各区隊（クラス）に約40名分の2段ベッドとフートロッカーという私物箱がベッドの下に置かれただけの殺風景な居住空間だった。洗面所に給湯器や洗濯機はなく、トイレは当時としては珍しかった便座式の水洗トイレで、米軍兵士に合わせた超特大サイズだった。2階は教場で昼間の授業と夕方の自習に使用された。

1個学年は、2個教育隊（約250名）で編成され、一つの教育隊は、6個の区隊からなっていた。教育隊長は、３佐（少佐）、区隊長は、１尉〜２尉、その下に２曹〜３曹の助教という区隊付きが配置されていた。その他に１年生の間は、指導生徒という２年先輩の生徒が我々と起居を共にして指導していた。

卒業後は、自衛隊では最も若くして３曹に任官し、10名ほどの部下を預かる班長となる。班長は小部隊とはいえ指揮官・管理者であり、体力も気力も部下隊員には負けられない、例え年齢は若くてもリーダーシップをもってつねに前向きに取り組むというのが、本校における教育のマインドだった。

15歳の少年が親元を離れて団体生活を送るのは厳しいものがある。起床から点呼や食事・消灯・就寝までラッパで統制され、自分で洗濯して戦闘服にプレスをかけ、靴は、ピカピカに磨く。２段ベッドでは同期生のいびきと寝言の洪水である。一見すると私生活のない息苦しいもののようにも見えるが、同じ目標を持った仲間が、お互いに生活のすべてを晒けだして過ごす生活は、慣れるまでは大変だが、苦しくて寂しいのは、誰も同じで、隠し事などできず助け合わなければならない仲間は、まさに家族であり、親兄弟以上の親密な関係となる。この様な生活は辛いことではなく、むしろ心地良い安心感さえある。

個人のプライバシーが最優先される時代だが、信頼と愛情に支えられる家族の中にプライバシーという言葉は、馴染まない。少年工科学校の生活も親が子どもを見守る目線で区隊長など指導者が深い愛情と燃える情熱をもって生徒に接し、生徒は区隊長等の指導に絶対の信頼を寄せ、そして同期生の仲間同士は切磋琢磨して高みを目指す。12期生は、在校間に13名の同期生が渡河訓練中に殉職したこともあり、毎年命日の7月には学校に有志がご婦人同伴で集まって追悼式や同期生会を行っているが、一瞬で当時の心情になってしまう。生徒時代の同期生は、血縁以上の情や絆を感じ、かけがいのない財産となっている。

平成14年、第22代の本校長を命ぜられた。着任して最初に入校してきた生徒は第48期生だったが、12期生なのでちょうど干支が三周りした後輩であり、すべてが愛おしく後輩生徒のために最善を尽くそうと決意を新たにした。自衛隊生徒出身者が校長を務めるのは、私が初めてであり、後輩たちに目標と刺激を与えることは、できたと自負している。

高校のカリキュラム変更でIT教育や英語の他音楽・書道等の教育が必修となり、自衛官として必要な防衛基礎学の時間は、減少傾向だったが、初級陸曹として部下を指導するための最小限の能力は必須であり、何とかその時間を確保できるように努めた。

また日本史の授業は受けていても、近現代史について深くは学ばず、充分な歴史認識を持っていないことに危機感があり、社会科教官や区隊長等の協力を得て、東京裁判の模擬裁判を全校生徒に披露したのは、歴史を学ぶ端緒になってくれたのではないかと考えている。

本校は制約された時間の中で沢山の教育内容があり、知識教育に陥りやすいのだが、リーダーシップや柔軟な発想、困難を乗り越えようとする粘り強さや克己心等の精神要素も磨く必要があり、教育全体の大枠の中で生徒の将来のために何が一番大切なのかを日々模索しながら不断の見直しが必要だと痛感した。

生徒制度は、陸・海・空自衛隊揃って始めたが、現在では陸上自衛隊だけとなってしまった。それは卒業生が制度設計の期待値を大きく上回る成果を上げ、陸上自衛隊に大きく貢献したことが最大の要因であると考えている。対空ミサイルやヘリコプター部隊の導入などビッグプロジェクトを進める際には、決まって生徒出身者がそのパイオニアとして活躍した。

目的達成に直結した人材育成も重要だが、若い段階で知・徳・体を兼ね備えた人材を育成することは、変化の激しい時代を生き抜く上でますます重要になってくると考える。

第22代少年工科学校長
宮城県出身

高等工科学校への発展

第15期生　山形 克己

平成19年7月、学校長として約36年ぶりに母校少年工科学校の門をくぐった。時あたかも自衛隊生徒制度の改革に向けた時期だった。

陸上自衛隊から組織存立の要であるとの認識を得た生徒制度を次の「学生化」生徒制度にどのように繋げていくか、これが課せられた大きな仕事であると自覚したのは、着任して程無い頃だった。

当時は職員そのものが余りにも大きな改革に直面し、作業手順に迷った。また陸自としても、陸幕内部の意思統一が必ずしも明確ではなかった。「平成の松下村塾にする」という方もいれば、「これまでの陸曹養成機関に変わりない」という方、さまざまな意見があったが、総じて、これを機会に少年工科学校を変える、そのために必要な予算はつける、という強い意識があった。

職員に対する要望事項の一つとして「変革への挑戦」という言葉を示し、その意識を強くすることを求めたが、当初は、確たるビジョンを持ち合わせてはいなかったというのが正直なところだった。しかし、職員はこの変革に取り組んで、いまの「高等工科学校」の設立に漕ぎ着けた。

扨、自分の生徒時代に受けた教育について記述する。我々15期生（昭和44年度入校）は、本校での教育は2年6ヶ月間だった。その期間で、一般教科としての高卒認定単位をほとんど取得するのに加え、訓練や技術専門科目もあるため、本当に駆け足の授業だった。

いまは期間が3年間になり、しかも通信制の単位も3年間で取得できるため、比較的余裕がある（但し、一般教科の他に技術専門科目や訓練等があるので相当忙しい）。学生化にあたっては、まず生徒にはできる限り多く高校生としての一般科目を学ばせたい、というのが方針の一つだった。

生徒は4年後に3等陸曹になるという目標がある。しかし、これは当面の目標であって、将来的には幹部自衛官を初めいろいろな可能性に向かってほしい。そのためには、一般教養を身に付けることが必須である。この基礎になるのが、高校時代の一般教養に関する吸収意欲だった。ともすれば、これまでの少工校教育は、基礎素養を身に付けることよりも自衛官としての服務要領を主体に教えていたのではないか。

生徒とは言え自衛官であるからにはそのことは当然なのだが、生徒には、当面の完成された姿よりも将来的に伸展が期待できる素地を作りたい。

一方、校長に着任して現代の生徒と直に触れてみて感じたことは、一般的に素直な子どもが多い反面、メンタル面が弱い子も散見された。また指導には、素直に従う反面、少々覇気に乏しくやらされ感のある子が多いのではないか。つまり、ともすれば主体性の無い学校生活を送っているのではないか、という危惧感だ。加えて、この年代で自分の将来が自衛隊という職域に決定してしまうことに対する閉塞感を感じることもあるようである。この原因は何か？ここで少々乱暴ではあるが、宝塚音楽学校の生徒と比較してみることにする。

入学年齢がほぼ同じで、将来において就く職業や目標が明確であるという点では双方同じである。目標的には、一方は自衛官の中堅陸曹要員（下士官）であり、一方は、タカラジェンヌだ。自衛隊は国民の九割以上の信頼感を獲得しているとはいえ所謂３Ｋ職業であり、タカラジェンヌのような華やかな職業とは言い難いだろう。宝塚音楽学校の年間約40名の入学生の中で、宝塚のトップスターになれるのはほんの一握りの人だ。しかし、その目指すところが国民の憧れの的である宝塚のトップスターであるというところに究極の挑戦目標があり、ある種の「志（こころざし）」を持ちながら、一人ひとりが主体的にその目標に挑むのであろう。

一方、自衛隊生徒はどうか？自衛隊のトップである統合幕僚長になろうとの意識で入る人も勿論いるだろう。しかし相当数の生徒は、何とかここでの3年間の生活を無事終了させることが目標である（これでも現代の若者にとっては立派な目標なのだが……）。この主体性の違いが、宝塚と少年工科学校の決定的な違いであろうという結論に達した。

15歳の子どもに志と主体性を持たせるには、やはり夢がなくてはならない。生徒の夢として宝塚のトップスターと並ぶような意識を持たせられないか、いまの指導者も同じ課題を模索し続けている。

自衛隊（軍隊）が国民に崇め奉られ、少年たちが挙って現在の高等工科学校に入りたがる時代が、必ずしもいい時代とはいえない。しかし少なくとも、国家のために自己を犠牲にすることを厭わないと誓った人々の組織が、法制度的にもしっかりと整備される時代が来ることを祈る次第である。そして、新しく変わった高等工科学校が少年たちの憧れの教育機関として、平和国家日本の未来と共に永続することを見守っている。

第24代少年工科学校長・初代高等工科学校長
青森県出身

学校長時代
（平成22年、M副校長作）

愛情と情熱溢れる全人教育

第19期生　市野 保己

「厳しい選抜試験により選ばれた生徒たちを素晴らしく整備された教育施設で、陸上自衛隊から選りすぐられた区隊長・付陸曹、及び防衛教官により、部外の雑音等からある程度遮断して教育するのだから生徒たちが優れているのは当たり前だ！」と言ってしまえば簡単だが、生徒教育隊から高等工科学校に至る長い陸上自衛隊生徒制度において、陸上自衛隊の技術部門のみならず中核となる有為な人材を輩出し続けている陸上自衛隊生徒の教育について拙文ながら記述する。

手元には、多感で生意気だった生徒時代に直接薫陶を受けたT区隊長から卒業後に頂いた手紙と葉書が沢山ある。防衛大学校学生の時から始まり陸上自衛官吏には退官後と40年以上にわたり祝辞、激励、箴言等、多種多様な内容のお便りを其々の職務等に就いた時に頂き、その度に気を引き締めて仕事に取り組んだ事を懐かしくも本当に有り難く思い出している。またT区隊長から厳しく身を持って教えて頂いた「勝負に勝つための努力とチームワーク」の大切な事はいまでも心に深く刻まれている。もうすぐ米寿を迎えられるいまでも実父のように教え子を気遣い、指導して頂けるT区隊長に、帝国陸軍少年飛行兵や少年戦車兵等の教育に携われた区隊長・助教の方々も同様であったろうと思いを致すと共に、卒業後34年振りに高等工科学校校長として勤務した時に、区隊長たちがT区隊長と同じように生徒たちに接して教育をしている姿を目の当たりにして、生徒教育への熱い思いと生徒たちとの堅い絆が連綿と受け継がれていることに感動をもって再認識した。

高等工科学校では、生徒たちを将来伸展性ある陸上自衛官に育成するために、普通科高校と同様の一般教育に加えて陸上自衛官になるために必要な専門教育や防衛基礎学を教育する。生徒たちはこれらの教育に加えてクラブ活動、及び生徒舎生活等を通じて更に多くのことを学ぶ。1年生は親元を離れ知らない仲間(同期生)と何も知らない生徒舎生活を始める中で、規律心、他人を思いやる心とチームワークを、2年生は1年生を世話することで自分の成長を実感し、クラブ活動や生徒会活動等で3年生を補佐することを通じてフォロワーシップとリーダーシップの基本を、3年生は各種訓練、生徒会やクラブ活動等を通じて自主自立の精神を確立すると共にリーダーシップを学ぶ。

この生徒たちの教育には、主に区隊長や付陸曹、及び防衛教官が直接携わり、生徒たちは彼らの愛情と情熱溢れる全人教育、及びその一環でもある親代わりとして悩み等の相談受けや激励等により生ずる堅い絆によって心身共に支えられ、規律正しい生徒舎生活と厳しく充実した教育訓練、及び活発なクラブ活動に対して、同期生と共に果敢に挑戦し克服していくことによって、入校時あどけなかった少年たちは卒業する時には逞しい青年たちに蛻（ぜい）変する。これはまさに教育に携わる区隊長・付陸曹、及び防衛教官たちの生徒たちへの愛情と教育への情熱の結果に他ならないと言っても過言ではなく、彼等の「愛情と情熱」溢れる全人教育こそが高等工科学校の教育の精髄であり、伝統ある陸上自衛隊生徒制度の充実・発展の原動力になっている。

最後になるが、生徒の教育に際しては、「角を矯めて牛を殺す」という格言にあるように、多種多様な能力と才能を保有する生徒たちをクローンの様な一律化した人間に育成しないように配慮している事は言うまでもない。

第2代高等工科学校長
愛知県出身

陸上自衛隊生徒の伸展性教育

第24期生　滝澤 博文

陸上自衛隊生徒の教育は、少年工科学校から高等工科学校への改編で新たに『学校理念』が定められ、ミリタリー色の強い「自衛官の陸士教育」からアカデミックな「自衛隊員の学生教育」へと教育体系を変えた。『学校理念』は、「技術的な識能を有し、知徳体を兼ね備えた伸展性ある陸上自衛官として相応しい人材を育成する」というものであり、生徒は、陸上自衛隊のすべての階級において活躍していること、なかんずく、生徒の7割〜8割が幹部自衛官に任官しており、実態として陸上自衛隊の幹部財源となっていることから、生徒教育は、学校の所掌事務に定められている技術陸曹を養成するという枠を超えて、伸展性教育を重視した陸上自衛隊の人材育成学校としての役割を明確化した。

本校の卒業式には、陸上幕僚長が立会されない状況もあったが、現在では、防衛大臣が立会され、地元国会議員はもとより、全国から多くの国会議員の方々が参列される卒業式となっている。横須賀・三浦地区選出の衆議院議員であり高等工科学校後援会会員であるK氏の第61期生徒卒業式の来賓祝辞の一部分である。「自分が政治家になったら、毎年防衛大学校に総理大臣と防衛大臣が必ず出席してくれるように、この陸上自衛隊高等工科学校にも毎年しかるべき立場の政治家が出席してくれるような、そんな学校にしたいと思って、活動を続けてきた。今日初めて総理からのメッセージが、長い歴史のこの高校に届いた。そして数年前に防衛大臣として初めて卒業式に出席をしてくださったO防衛大臣が再び戻ってきてくれた。そして与党のN幹事長が初めて卒業式に出席してくれて、これだけ多くの議員が出席する、そんな学校の伝統を作り上げたのが61期生の皆さんのこれからも忘れることのない歴史の足跡で。(中略)世の中には多くの人が知らない15歳から集団生活を送り、親元を離れて日本の国防を思い、部活に励み、こんなに素晴らしい高校があるということを、皆さまを知らない多くの人に届けてください。日本一の高校、日本一の高校生、みんなは横須賀の誇りです。日本の誇りです。これからもみんなの活躍を応援しています」と卒業生を激励された。

生徒は、高等工科学校での教育を修了すると、卒業生の約1割弱が防衛大学校への進学、及び海上・航空自衛隊の操縦学生として幹部自衛官への道に進んでいる。大半は卒業後、陸士長に任官して部隊配置され技術陸曹になる教育を受ける。卒業1年後には、19歳で3等陸曹に昇任して人の上に立つ地位と役割を与えられる。自分の部下は、殆どすべてが年上という状況で部隊を指揮することを求められ、先輩生徒に助けられながらその境遇を乗り越えていく時期こそ、生徒が自衛官として人間として最も成長する時期である。

15歳にして職業選択をした少年は、引き続き自衛官として活躍する生徒の他に、自衛官以外の新たな人生を求めて大成している生徒も数多くいる。ある著書の一文である「校歌の第4番『咲き出る色は変わるとも、心は一つ日本の、御国の護りゆるぎなく』の一節は、陸上自衛隊の教育訓練を通じて個性豊かに開花した人材が、日本社会の隅々にまで人的ネットワークを張り巡らせることにより、良き社会人として信頼される現職・退職者双方による国民と自衛隊の信頼の礎を築ける」と表現されている。

まさに陸上自衛隊生徒の伸展性教育が目指す姿ではないか。

第5代高等工科学校長
長野県出身

有難い人生

第26期生　堀江　祐一

平成30年3月、学校長に着任してよく耳にするのは、「日本一の高等学校」そして、「生徒は『陸上自衛隊の宝』である」と評した言葉である。いまでは卒業式には防衛大臣の立会があり、内閣総理大臣からは卒業生に対してメッセージが送られる等、高等工科学校は部内外から多くの関心と期待が寄せられている。

これは約19000名に及ぶ卒業生の各分野における活躍、そして歴代学校長をはじめとする学校職員の皆様方の生徒教育に対するこれまでのご尽力の賜物であると認識するところである。

高等工科学校長としての在任間、本校を卒業された方に、「学校が改編したことにより、本校時代の生徒と高等工科学校の生徒で何か変わったことはないか？」との質問をよく受けた。私の回答は、「生徒は何も変わっていません」だ。確かに、時代の変遷に応じた社会環境の変化に応じて、生徒たちの興味や関心事項が変わることはある。しかし、学校長、そしてOBの一人として現在の生徒たちを見ていると、19～20歳にして部下を持つ最も若い3等陸曹になるための3年間の教育であるということをしっかりと自覚している。そして、一人ひとりが「自らをいかに鍛え上げるか」ということに真摯に向き合い、時には悩み、苦しみそして同期が互いに助け合いながら、一般教育、防衛基礎学、生徒会・クラブ活動や制約の多い日常生活を一生懸命に取り組んでいる。

昭和55年、26期生として入校した。自衛官であった尊敬する父の背中を追ったものだが、陸上自衛官として約40年近く勤務し、この間、さまざまな経験と「国防」という崇高な職に奉仕させていただいたことを心より感謝している。そして、いま、自衛官としてはもとより、社会人としての私が存在できるのは、思春期と言う人間形成の貴重な時期に少年工科学校において教育を受けることができたからだとの強い思いがある。

この学校で学んだことを振り返ると、知識の重要性、体力と忍耐力の向上、謙虚さの保持等、多々あるが、特に、印象深く大切にしていることは、

①「挑戦すること」

②「人を大切にする心（人を思いやる心）を持つこと」

である。

まず「挑戦すること」。着隊と同時に15年間の生まれ育った環境から親元を離れ、見ず知らずの新たな人間環境と、自衛官教育という経験皆無の教育環境におかれる。

当初は、その環境に対して如何に適応するかということに必死にもがく日々だった。しかし、学年が進級するにつれて、学校生活への慣れも生じ、次第に与えられた環境をただ

単にやり過ごすのではなく、この環境を「自分自身の成長のために生かすことはできないか」という考えに変わっていった。当初は、考えだけで行動までに至らないが、徐々に与えられる課題や試練に対して、自分なりに「目標」を立て、その達成や克服に向けて挑戦していくようになった。

そうした中で、失敗と成功経験を繰り返すうちに、自分の考えや行動に対して、少しずつ「自信」のようなものが芽生え、それが、いま思うと自己の「信念」へと成長した。

卒業後の様々な状況の中で、その都度、自己の信念を信じて挑戦できたことは、こうした少年工科学校時代における体験のお陰であると感謝している。

そして、「人を大切にする心（人を思いやる心）を持つこと」。

3年間、支え続けてくれたのは、何と言っても同期の存在である。一般教育にしても戦闘訓練等の防衛基礎学にしても、ついていくのがやっとという状態だった。また自我が強くもあり人間関係でも苦労し、もがき苦しい日々は少なくなかった。

そのような時に周りを見渡すと、必ずそこに同期の姿があった。それもさりげなく……。親元を離れ、頼る相手が限られた中で、自分の弱さを受け止めてくれる人、それが私にとっては26期の同期生である。同期に助けられ、支えられていく中で、「人を大切にするという心を持つこと」が如何に大事であるか身をもって学ぶことができた。他方、未だに「他利の精神」が身に付いておらず未熟なままであり、更なる精進が必要であると認識している。

「環境は人を作る。環境の変化は人を成長させる良い機会である」ということを、異動（転勤）の時期に言われる。また「人類における敗者の共通点は、環境（状況）の変化に気付かず、気付いたとしても変化への対応を怠ったことである」と歴史学者のトインビーは述べている。

少年（高等）工科学校とは、人材を育てるために必要となる環境を与え、時には職員による導きがありつつも、自ら為すべきことを気付かせ「目標の確立」、そして行動を自発させる「挑戦して体験させる」という教育の場であり、最高の人間教育機関であると考えている。

最後に、学校長として卒業生に激励として贈った言葉を紹介する。

卒業諸君の次なるステージへと飛び立つにあたり、次の言葉を贈りたい。それは、「無難な人生よりも有難い人生」という言葉である。漢字を思い浮かべてもらいたい。困難が無いと書いて無難、困難が有ると書いて有難い。

諸君は、この学校に入る段階で、既に、厳しい道、「難が有る」道を選んだ。そして、他校では決して経験できない厳しさも含めた多くのことを学び、将来、陸上自衛官としてあらゆる分野において活躍し得る伸展性を身に付けると共に、社会人として大切な基礎である知識、技能そして、強い精神力と強靭な体力を修得した。これは区隊長、付陸曹、教官等が、生徒一人ひとりの個性に応じて、「目標」という名のハードルを与え、諸君は、そのハードルに真剣に立ち向かい、乗り越え、一つ一つ身に付けてきたことによる成果である。

今日の成長した姿がその集大成である。しかし、これからは、自分自身を更に成長させるためには、困難が有っても自分を磨いてくれるハードルのある道を「自ら」選択していかなければならない。その道は、険しいものになるかもしれないが、その険しさに怯む(ひるむ)ことなく挑戦して欲しい。特に、いま、変革が求められている部隊では、その挑戦する姿勢・行動力、そして、いついかなる状況でも自ら困難を克服して結果を出すことができるということを君たちには期待されている。他方、人というのは悲しいことに安きに流れる傾向がある。

また妥協との狭間で悩むこととの連続である。しかし、諸君は、既に、この3年間の教育を通じて、試練、困難を克服したその先には、達成感、充実感そして、何よりも成長した自分に対する「自信が付く」ということの「有難さ」を知っている。そのことを卒業後も忘れず、挑戦を続け、更に、人として成長を果たし、「有難い」と思える人生を歩んでもらいたい。

第6代高等工科学校長
佐賀県出身

第3部

教官からの声

教官編

資料編

第３部 目次

教官編

「教官編」とは、生徒の一般基礎学（一般高校と同様の教育）に当たった文官教官（高校教諭免状保有者）による書き下ろした文を、編集したものである。少年工科学校は、長期間にわたって奉職する文官教官が多い。

少年工科学校行進曲『おれの道』

元防衛教官　櫻井 功輝

少年工科学校は、旧軍系統ではない。旧軍歌を全廃し少年工科学校を歌うべきと、三部作を遺しました。『おれの道』、『燃えろFighter』、『凱旋の旗』です。その中の『おれの道』を掲載します。桜友諸官、誇りに満ちた胸を張り、声高らかに自己表現しよう。

1

15で決めた　おれの道　りりしい道だ　花道だ
日本の平和　守るため　豊かな暮らし　守るため
御幸が浜で　皆で誓った　でかいぞ青春　少年自衛官
大きな愛の行進だ　まことの愛の　おお　貫徹だ

2

耐えて鍛えて　おれに克つ　自分を超える　乗り越える
人の命を救うため　人の心を癒すため
相模の海を　武装で遠泳　男だ根性　少年自衛官
大きな愛の行進だ　まことの愛の　おお　貫徹だ

3

いよいよ燃える　おれの意気　力湧き立つ　血がおどる
世界の平和　夢に見る　地球を守る　夢を見る
富士の麓の　戦闘訓練　気魄だ精鋭　少年自衛官
大きな愛の行進だ　まことの愛の　おお　貫徹だ

担当教科　国語
在任期間：第5期生〜第42期生

教官生活を振り返って

元第2教育部長　河野 智治

昭和37年7月1日、生徒教育隊（昭和38年少年工科学校に改称）教育科に社会教官として配置され、第7期生（2年生）に「人文地理」、第8期生（1年生）に「日本史」を担当して教官生活を開始、平成8年・第2教育部長を拝命し、教育行政に従事して平成10年3月31日まで1度も転勤することなく奉職させて戴き、本校の歴史の一齣にその足跡を刻むことができて感慨無量である。

昭和37年当時は、未だ文官教官（高等学校教諭免許所持者）に教育職が適用されておらず、事務官教官として教鞭を執った。教育職が適用されたのは昭和39年4月のことで、文官教官を区隊に配置する指導教官制もこの時に開始された。

本校は他の自衛隊諸学校と異なり、文官教官が大勢いた。自衛官の職員は数年で転任するが、文官教官は一生の仕事として長く勤務した。生徒隊が自衛官としての起居容儀、及び基礎訓練を指導の重点とするのに対し、文官教官は人間として、社会人として必要な普遍的教育に着目していた。

教官として奉職した長い歳月には教科教育・指導教官・通信制教育・クラブ活動・部隊

等見学実習・その他訓練参加等の思い出が走馬灯のように浮かんでくる。その中で、特に忘れることのできない感動した思い出について披露させていただく。

まず創設に尽力した卓球部が陽の目を見たことである。卓球部は9期生の時に同好会、10期生の時にクラブ活動の「部」として認められたが、少年工科学校の中においてはマイナー的な部だった。遠征費が不足の時、私の背広を質屋に入れて費用を工面したり、妻に「おにぎり」や「いなりずし」を作ってもらい、移動の車中で生徒と共に食べたりして育てた部だった。10期生～15期生までは全日制の大会に参加し、16期生から定通制の大会に参加することになった。

昭和59年全国定時制・通信制卓球大会において、第28期生（3年生）・29期生（2年生）が神奈川県立湘南高校通信制として初優勝した。定通制とはいえレベルの高い大会であり、個人戦で常に出場していたが、成果が窺えない状況だった。創部18年目の快挙だったので歓喜も一入だった。

加えてこの大会に高校時代の同級生が、大分県代表の引率教諭として臨んでおり、高校の卒業以来28年振りの再会ができたことも幸甚だった。この縁を大事にして、現在も賀状の交換を継続する等、当時を懐かしんでいる。

この後、団体戦において平成元年・平成4年に3位入賞、平成9年には優勝を果たしている。

次に生徒さんから頂いた忠恕の心。私ごとになるが、平成4年に私の妻が難病のため、厚木の病院に入院していた時、妻の病気平癒を願って、38期生（1年生）のある区隊の生徒諸君が千羽鶴を折ってくれた。国語の授業における詩の観賞時に「詩と同じことがある。地理担当の河野教官は明るく振る舞っているが、実は奥さんが入院……云々」と担当の教官が説明された由である。それを聞いたその区隊の生徒諸君が、区隊長・指導班長・指導教官に内緒で千羽鶴を折る計画を立て、区隊全員で作製してくれた物を頂いた。この時、代表生徒が「自分たちは結婚していないから、夫婦の事は判らない。しかし郷里を離れ、家族と別れて暮らしているので、教官の家庭事情は判る気がする」と言ってくれた言葉に、ただ涙して千羽鶴を頂戴した。後日、この千羽鶴を病院に持参して、病院の医師や看護師の方々に話したところ、「いまの時代に親元を離れて国のために学んでいる生徒さんたちが、その様なことをしてくれるということは何と素晴らしい学校なのでしょう！」と一様に感嘆してくれた。病床にあって口を利けなかった私の妻も、この話をすると涙を流し何度も頭を下げて感謝していた姿がある。残念ながら一年後に妻は他界したが、この千羽鶴は妻と一緒に納棺させていただいた。この忠恕の姿こそ本校生徒の本質であると信じており、感謝と感動で終生忘れることができない。

大学1・2年生の時に寮生活を送ったが、この体験が生徒教育に「行学一如（ぎょうがくいちにょ）」（道元禅師の教え）の精神で役立てることができた。本校の生徒は国家の特待生であるがため、厳しい日常生活を送っているので、困難な事に直面する場合が多くある。その際には「何とかなると楽観し、何とかしようと努力する」という気持ちを持って、直面する問題を克服するよう説いていた。現在、多くの教え子たちが彼らの部下に対して、このアフォリズム（aphorism）を用いて激励していると伝え聞き、教官冥利に尽きる思いである。浅学菲才だが、日本で唯一の学校において36年9ヶ月の間、無限の可能性を秘めた生徒の皆さんと過ごした日々を幸甚に思い、国を支える人づくりに貢献できたことを誇りにしている。

担当教科　社会科
在任期間：昭和37年～平成10年

少工校魂

元第2教育部長　田邉 正行

昭和43年夏、就職活動が真っ最中の7月2日、少年自衛官殉職のニュースが新聞・テレビ等に大々的に報道され、少年工科学校の存在を知ったのである。

母校は九州の片田舎にあり、海軍兵学校で山本五十六と同期の堀悌吉海軍中将や豊田則武連合艦隊司令長官、ミズーリ号で降伏文書を調印した重光葵等、多くの軍人・政治家を輩出した学校であった。そのせいか、自衛隊に対してある種の親近感を抱いていた。

折しも当時は全共闘などの学生運動が激しい時代で、ノンポリの学生であったその反動もあり、就職課の掲示板に、たまたま少年工科学校教官募集の案内を見つけ、採用試験を受けた次第である。幸いに合格し、昭和44年4月1日、国語教官として採用され、爾来38年間定年まで勤め上げることができた。

着任した年、13期生が3年生で、14期生の指導教官からスタートした。教育は15期生の1年生を担任したが、その幼顔に制服を身に着けた可愛らしくも凛々しい姿に鮮烈な印象を受けたのであった。

まだ学生気分が抜けきらない中で甘い話をしていたところ、当時1年生のT生徒（後の北方総監）が「教官、僕らはプロフェッショナルです」と毅然とした態度で言われたことはいまでも鮮明に残っており、その志の高さに自身の未熟さを思い知らされた記憶がある。15歳で親元を離れ、規律の厳しい団体生活、そして国を守るという崇高な使命を担い、勉学・訓練に精励する生徒の姿に深く感銘を受けたことは言うまでもない。

　本校の教育は、いまの時代に極めて特異な存在といわざるを得ない。それは、一般の高校生と違い、生徒の心の中に「私」の部分は小さく、「公」の占める割合が極めて大きいからである。確かに、本校の教育になじめない不適応な生徒も少なからず存在することは事実であり、また外部からは偏向教育ではないかとの指摘をうけることもあるが、いまの時代だからこそ、本校の教育の果たす役割を意義あるものと確信している。自身のために学ぶこと以上に、公のために尽くすという大義は、実に素晴らしいことである。

　その生徒たちを教育できることの喜びは何物にも代えがたい。全国３５００校以上の高等学校の中でも、唯一の教育目標を掲げた本校は、日本、及び世界に誇りある学校と信じる。

　ただ、かねてより憂慮していた19歳で小部隊の指揮官になるに際して、知識・技術のみでは部下を指揮できない、即ち、豊かな人間性を持ち合わせなくてはならない。それが、高等学校教育に当たる一般基礎学、特に芸術科目（音楽・美術・書道）であろうと考える。

　それに文化部の活動を加え、情操教育の必要性を痛感していた。併修校である神奈川県立湘南高等学校の協力、並びに防衛省の特段のご配慮により、芸術教科の教官の採用、芸術棟の建設を得て教育の充実を図ることができた。

一方、クラブ活動では詩吟部の顧問として長らく指導に携わってきた。ご承知のように、武道をはじめ、凡そ道の付くものは礼に始まり、礼に終わるものであり、決して勝つことだけが目的ではない。吟道も然り、中国の漢詩や和歌・俳句・近代詩など古典を中心に詩歌を吟詠する活動を通して、校風にある質実剛健の気風を養い、情操を育んでいる。高文連の活動に参加し、他校の生徒との交流を通して、幅広い視野の拡大と多様な価値観を醸成して人格の陶冶をなし、将来に向けた指揮官としての豊かな人間性を身につけることが肝要と心得、邁進してきた。

現在、内閣府認定の公益社団法人 日本詩吟学院の副理事長として、全国会員を通じて我が国の伝統芸術・精神文化の普及に取り組んでいる。少年工科学校の教育で培った経験を生かしながら広く社会に貢献すべく今後とも鋭意努力いたす覚悟である。

少工校は現在、陸上自衛隊高等工科学校と校名を変更したが、その伝統精神は揺るぎないものとして脈々と引き継がれている。

私にとっても、本校は第二の故郷である。更に実績を積み重ね、創立百周年を目指して良き伝統の継承に務められんことを職員ＯＢとして祈っている。

「益荒男の　励みし道に　幸あれと
心もしのに　我は祈らむ」

担当教科　国語
在任期間：昭和44年4月～平成19年3月

一教官の思い出

元第2教育部長　平井 則行

告白しよう。物理学者に憧れ、大学の学科長に「受かっても行かないよ」などと生意気をいっていた。就職難の時代でありしかも少年工科学校にしか受からず、着任した。せっかくなのでと、面白がって授業をしているうちに、33年間の防衛庁教官という職を勤め上げ、最後には教育部長に就くなどという、思いもよらない結果になったのは、ひとえに少年工科学校の生徒たちとの間での、楽しい授業を行うことができる幸せな毎日があったからである。それ以外に理由は存在しない。

大学では熱心に勉強していて、将来は研究者になろうと思っていたくらいだから、高校の理科の先生としての教育準備などほとんどしなかった。授業はその日の教育項目を見て、自分の思いつくまま即興で進めた。なにしろ、生徒は行儀が良くて一生懸命話を聞いてくれるし、自分の考えたことを説明するのは楽しい。日頃、厳しい訓練と学業で疲れているはずの生徒はよく頑張っていたが、ちょっと油断すると居眠りをしてしまう。たとえば、リクレーションの一環で、中央音楽隊が生徒を体育館に集めて演奏してくれるありがたい行事がある。

しかし、音楽が上手なほど気持ちよくなるので多くの生徒が夢心地になり、船を漕ぎ始める。また気持ちよくなくても、一般的には難しい話などは聞いていると眠気を誘うものだ。学部の学生の時に物理学会の分科会でスライド係をしたことがあるが、出てくる単語はわかるものの、話がいっこうに理解できず、眠くて困った経験がある。物理の授業なども、生徒たちにとってはきっとそうであったろう。

そうならないようにと授業では、生徒を極力笑わせ、楽しんで勉強できるように自分の能力をフルに使った。とにかく直感的でリアルな授業というものを目指したのである。たとえば、電気を教えるときに、スライダックという連続的に電圧を上げられる装置を使い、〝感電体験〟というのをやった。0〜130ボルトの間の交流電源に触れさせたのである。これは全員、前に出てきて電極を握らせ、耐えられる限界まで電圧を上げていくのである。勿論、手を離すのは自由であり、電圧を上げていくのは教師だが、生徒はいつでも嫌になったらやめられる。この授業では、5万ボルトで感電した経験談をして、「その瞬間、目の前が真っ青になり、ベロが飛び出たよ」という話で笑わせた後に、50ボルトぐらいの電圧で電極同士を接触させ、バチッと火花を見せて生徒を怖がらせることにしている。これは電極どうしの接触では、どちらも金属で抵抗ゼロなので大電流が流れるからスパークくらいは当然である。生徒はまだそんなことは知らない。そんな前振りの後に生徒の出番だ。初めのうちはびくびくしながら40ボルトぐらいで、「うわっ！」とかいって手を離していたが、そのうち高電圧まで耐えている生徒が出てくると、俄然、雰囲気は一転、戦闘モードになり、生徒間の闘争心に火がつく。ついには130ボルトに耐える生徒が出てくる。さあ、それからは皆が争って130ボルトを目指すようになる。中には「教官、手が離れません！」とかいって自分の限界を超えてまで握っている生徒まで現れる。断っておくが、感電というのは別にこの程度では全然害はない。もっと高電圧でも、ショックで気を失おうと意識が戻れば全く後遺症というものは出ないので、それを承知の上での授業である。趣味で真空管アンプを作ったとき、何度も350ボルトとかの電撃ショックを経験している。ちなみに、交流と直流では〝感電味〟が違い、交流はジリジリ、直流はピリッとした感覚なので、感電すると何ボルトの交流なのか直流なのかがわかるようになる。生徒にも「君たち、人間テスターになりなさい」といってこの授業の目的を教えていた。感電が怖くては電気を使った装置は修繕できないものである。コンセントもホットとクールという電極の違いがあることを知らないと、エンジニアとしては使い物にならない。電気という目に見えないものを教えるのに一番いいのは触らせることである。体験というものは一番記憶に残るものだから、教育の現場では、生徒はなるべく体験を多く持つべきである。面白かった授業はこれ以外にもいくつもあったが、これ一つの紹介にとどめる。

扨、これから、私しか知らないことがいくつかあるので、この場を借りて書き残しておきたい。生徒の印象を外部の人たちがどう見ていたかという話である。

生徒が部隊実習ということで、近畿地方の部隊や京都などの観光地を見て回る行事があった。日本を知らずして国を守る職には就けない。そのなかでの体験である。夜の自由時間で生徒は一斉に新京極に繰り出す。すると、観光シーズンをずらして12月に行くものだから、新京極の夜の歓楽街は生徒だらけになる。一緒に出かけて、そういう光景を眺めていたときのことであった。多分、警邏中の私服の警官（刑事）であろう人が近づいてきて、「あなたはあの生徒たちの先生ですか？」という。生徒は遊技場のゲーム機を取り囲んで遊びに興じている。「そうですよ」と応えると、「いいですね、あの生徒たちは、何の心配もありません」といって、満足げな表情と共に去って行った。なるほど、と思いながら見送ったが、嬉しかった。

また清水坂の土産物屋では、私が中にいるとも知らず、年増の女将さんが若い女子店員にこう言って聞かせていた。「あそこを歩く生徒さんらは普通の高校生と違うんやで、昔の幼年学校の生徒と一緒で、とても優秀なんよ」。若い女子店員も「へえーっ」といって目を輝かせていた。

そのバスで横須賀から行く部隊実習は、K急観光会社の新人ガイドの最初のガイド実習旅行でもあったろう。近畿から横須賀に帰ってきて、ついに学校の正門が見えてくると生徒たちから一斉にため息が漏れる。夢の時間の終わりだからだ。うら若い生徒と大して年齢の違わない少女のようなガイドにとっても、思い出深いガイド旅行だったに違いない、最後のお別れの挨拶の途中で、感極まってガイドが泣き出してしまった。それを見て生徒も感極まる。なんとそのうちの一人がマイクを取り、「ガイドさん、泣かなくていいよ、僕たちも良い思い出ができて、また明日から頑張れるんだから」というのである。これには参った。

あるいは真っ向勝負の、教育畑からのこういう反応もあった。当時は県立湘南高等学校という県の一流校に通信制教育で併修をしていたが、県の高校教育改革が起こり、統廃合の一環で湘南高校からは通信制が消えるのを契機に、併修先を湘南高校からある通信制専門高校へ変わる案が検討されたことがあった。

我が校が県の高校と併修するに値するものかどうか、県教育委員会から視察が来たときのことである。教育状況を検分したあとに、部長室に帰ってきた教育委員会の課長に「どうでしたか」と聞くと、「いやあ、参りました、うち（県）の全教員に見せてやりたいですよ」といって首を深く大きく曲げて、大いに感嘆の呈を示したものだ。この光景が忘れられない。ほほと、感心したのだろう。生徒の授業態度や、途中で合う生徒が必ず礼儀正しく挨拶をする様を見てのことだと思う。教育で何ができるのか、ということを思い知ったに違いない。

確かに少年工科学校の生徒は立派である。見かけだけなのかも知れないが、しかし、生徒の真価はそれ以上であることを、承知している。

なにがそうさせるのか、なにゆえに生徒が立派になって行くのか、その答えのいくつかを、私は応えることができる。それは、全国から集まった生徒全員が、全寮制という環境下において、異なる習慣や方言をしゃべる仲間と、コミュニケーションをとりながら、仲間としてうまくやっていかなければならないこと、そして次に当直や学習係といった役職を日々交代交代で全員がやるように決められているということ、更に絶対服従を原則とした厳しい区長や助教の下で、わがままを堪え、我慢のなんたるかを知り、皆と同じように振る舞わなければならない毎日が続くということ、これらがこうしたいままで述べてきたような生徒を作り上げたのだと信じる。仲間は、自分を映し出す鏡なのだから、その鏡を見ながら生徒は日々成長していく。

自衛官という身分も重要な欠かせない前提条件であることも忘れてはならないだろう。"身の危険を顧みず"という宣誓文を、全員で叫んだ仲間があるからこその耐えられる毎日なのだからだ。なかなか、こういう教育環境は現代の日本には存在しない。

教育で一体何ができるか、その答えのひとつが本校にあった。

担当教科　理科

在任期間：昭和46年4月～平成21年3月

環境が人をつくる
―他律から自律へ―

防衛教官　竹田　幸浩

大学を卒業してから本校に英語教官として採用され30数年になる。最初の数年間は本校の良さがわからなく、言われるがまま英語を教えていた。当時を振り返れば、生徒が与えられたカリキュラムに沿って教育・訓練を受け、好きなクラブ活動には精を出している姿や自分自身が本当に生涯をかけて勤務するに相応しい場所なのかと迷っていた。いまにして思えば、自分自身の勤務への迷いが目を曇らせていたような気がする。

本校で勤務していこうと強く思ったきっかけは、3学年の指導教官として卒業式に参加した際に、目に涙を浮かべる多くの生徒たちの姿を見た時である。それまで一般基礎学の科目教官として教育を担当し、指導教官として生徒指導を実施したが、生徒教育に対する自分自身の情熱は正直あまりなかった。そのため生徒の真の姿（訓練状況、生活状況等）を把握できてなく、生徒が涙する理由がよくわからなかった。

自分自身の意識が変わるにつれ、本校の価値がわかってきた。ここは生徒に環境を与え、その中で有為な人材を育成している学校であり、他律的な環境から自律する人間を育てる特徴を有していることである。生徒は、入校当初、右も左もわからない状況の中、日課時限に沿って自らやるべきことを職員や先輩から学ぶ。集団生活の中での決まり、敬礼・挨拶、係業務、体力練成、教育の受講、基本教練、清掃等である。これまで好きなことに時間を費やすことができた自由の環境から、やるべきことを決められた時間内にやらなければならない束縛の環境に身を置くことは、入校したばかりの生徒にとっては相当辛い。しかし、そこから人間は一人では生きていけないことやお互い助けたり助けられたりしながら、対人関係や同期の大切さなどを実感する。そういう面で他律的な環境の中で、周囲の人から具体的な言動を学びながら、物事の本質を理解していくのである。

2・3学年になっても、それぞれの学年において振る舞い方がある。2学年は中堅としてフォロアーシップを、3学年は最上級生としてリーダーシップを発揮することが求められ、下級生の鏡にならなければならない。学年が変わり、立場が変わることで一人一人が何をしなければならないのかということを考え行動する。

本校での生活を通して、基本的な生活リズムが身に付き、人との関わりを学び、目標を持ち、学力・体力を充実させる（前向きに取り組む）ことにより、徐々に自律する人間に変わっていくのである。本校には入校したその日から努力できる環境、自分自身を磨く環境がある。この環境下で、3年間頑張ることができた者は、自衛官としてのベースができ、自ずと成長していくことができる。

本校の特徴は、生徒に環境を与えているだけではない。生徒を指導管理する職員のサポート態勢が整備されていることも大きい。（一般の高校と比して、多数の職員が配置されている。1クラスに4人の職員）生徒を直接サポートするのは、教育隊の区隊長、及び付陸曹（自衛官）と教育部の文官である指導教官（現在の学級担任）である。各学年の生徒の特性を認識している双方の職員が、生徒の日々の状況を把握し、必要に応じ声掛けや面談を行い、悩みや不安の解消に努めると共に、学力・体力に自信のない生徒に付きっきりでフォローする。学力面が不安であれば、そのような生徒を集め、補習教育を実施したり、課題を付与したりして学力の底上げを図る。体力面が不安であれば、間稽古時間を活用し、継続的に体力練成を実施し自信を付与していく。このような職員が生徒の近くにいて、指導していくことで生徒としての在るべき姿を追求している。早く自律できる生徒から自律に時間がかかる生徒まで様々であるが、それぞれの生徒に合わせた指導をできる態勢がこの学校にはある。一方、生徒にとってみれば、そのような職員から逃げることができないため、なかなか楽はできない。

本校には教育・訓練・体力練成・クラブ活動・学校行事など幅広い活動が設定され、生徒自身が切磋琢磨する環境がある。そして、それを支える職員がいて、生徒は心身を大きく成長させることが可能となる。生徒の身になれば、この3年間は様々な活動において、一社会人として、また自衛官として求められることが多く、時には厳しく指導されることもあるため、ここでの生活は本当に大変である。（だから、卒業式に泣く生徒が多数いる

ことも頷ける）
30数年間この学校に勤務して生徒教育に携わってきた。勤務を開始した当時の取るに足りない自分の悩み、認識不足や未熟さを恥じているが、それでも現在まで教官として生徒教育に関わりを持ち、生徒の成長に何かしらの役割が果たせたのかなという思いもあり、教官という職を続けてきたことを誇りに感じている。
定年を迎える日まで残り少ないが、この学校での教官人生を全うしようと考えている。

担当教科　英語
勤務期間：昭和61年4月～（現在）

この時代に必要な教育

防衛教官　江澤 真希

高等工科学校の卒業式は、少年工科学校時代から含めて幾度となく経験しているが、いまでも毎回胸の熱くなる感覚である。たくさんの少年たちが同時に門出を迎えるとき、大きな熱気のうねりとなって傍らを通り過ぎていく感動を覚える。長年勤めていてもこの一日に騙される。

平成8年に入隊して、勤務歴が20年以上になる。入隊当初は、文字通り右も左もわからず、社会人としても教官としても少年工科学校に育てて頂いた。まるで生徒の皆さんと同じだ。今回、「なぜ必要か 少年工科学校の教育」というテーマで寄稿させて頂くにあたり、自分自身の仕事の遣り甲斐を踏まえて、現役の職員でありながら個人的な所感を述べさせていただくことをお許し願いたい。

本校には中学校を卒業した15、16歳の少年たちが入校して来る。将来自衛官になろうという志を持って親元を離れてくる彼らは、それだけで十分に立派である。しかし、あっという間に「家に帰りたい」と、全員が言い出す。

《起床と共にベッドを整え走って点呼に向かう。食事も入浴も限られた時間で仲間と一緒に済ませる。教室へ移動するのも区隊でまとまって行進する。クラブ活動では、先輩たちの顔色をうかがいながら精一杯気を遣う。自分だけのスペースはなく、宿題や試験勉強は区隊単位の自習室で行い、ベッドのある居室ですら8人部屋である》

いままで自分の部屋でのんびり読書やゲームをしていた少年たちにとっては、日常生活そのものの不便さが大きな圧力となって感じられる。勿論、それを承知で入校してくる生徒ばかりだが、知識として知っていることと実際にやってみることは大違いだ、ということを体験するのである。そんな彼らも3年生になる頃には別人のように逞しくなっている。

入校当初はあんなに家に帰りたがっていたのに、日常生活に苦痛を述べる生徒はほとんどいなくなる。3回目の夏季休暇には、まっすぐ帰省せずに同期生徒の実家に立ち寄らせてもらう生徒もいるようだ。そして、半年後にはあの感動的な卒業式を迎える。

生徒たちが飛躍的に成長し、自信と希望を持って卒業して行けるのは、単に時間の経過だけが原因ではない。これより高等工科学校生徒の成長を支えるポイントを、学校教育の現場から思いつくままに述べさせていただく。

「絶対的な若者の適応力」と、「その能力を信じて適当な圧をかけ続けるシステム」

本校を取材したあるテレビ局が番組に「鉄は熱いうちに打て」というサブタイトルをつけていたが、そのことわざ通りの現象だと言ってもいいだろう。なんといっても自衛隊の学校だから、一般高校より制約が多くて厳しいことは当然である。それに適応していく、彼らの若い力は称賛に値する。

SMAPの『世界に一つだけの花』という曲に『No.1にならなくてもいい、もともと特別なOnly one』という歌詞がある。令和の幕開けに新時代の象徴として引用された名文句だが、本校の教育は、この言葉と逆行していると言える。なぜなら、全員がNo.1になれるはずがないことは承知の上で、より高みを目指し、あわよくばトップを狙えるようにと、全員のお尻を叩く。(本当に叩くわけではないが)それは勉強でも運動でも訓練でも生活でも、あらゆる場面においてである。子どもは元来競争が好きだから、彼らも他人より抜きん出ることに価値を見出して奮起する。序列の発表は何よりもの関心事である。同時に、本校では「もともと特別なOnly oneだから、君はそのままで十分美しい、変わる必要はないんだよ」とは言えない。自衛隊生徒として、近い将来の初級陸曹として、「こうあるべき」に近づけようとする。その際、学校職員の「圧」のかけ方は絶妙である。常にいま現在の生徒の能力+1(プラス・ワン)を求めて指導をし、できたら褒めていく、できるまで指導する、の繰り返しである。できそうでできないことを求め、叱咤激励しながら徐々にやらせていく。

このトレーニング理論の基本が生活のすべてに適応されている。そんな生活がきつくないはずがない。一生懸命やっていても不十分だとして叱られることもあるのだから。このように、生徒の適応力に合わせてお尻を叩きながら伸ばしていくというシステムが健全に機能しているからこそ、生徒の潜在能力を最大限に引き出すことができるものと考える。

「集団行動の強み」

前述のように、四六時中他の生徒と空間を共有していることはストレスの伴う環境だ。彼らはよく「便所の中しか一人になれない」というが、あながち嘘ではない。一方、否応なしに他者を意識しながら生活していると、不可能が可能になることもある。例えば、靴磨きやシャツのプレスなど、一人では到底毎日やらないようなことに対しても「やらないとばれるから」という気持ちが生まれる。野営訓練中の行軍など、途中で止めたくなっても「あいつも頑張ってるから」という気持ちで乗り切れる。こうして、一人では継続できないことや乗り越えられないような難題も、互いに意識し合うことで相互支援の関係が生まれるのである。

入校当時は自己中心的で、他者の気持ちをなかなか汲み取れないような生徒でも、徐々に周囲に迷惑を掛けることを嫌がるようになる。それは「迷惑をかければ回り回って自分が不利になる」ということを、小さな社会で体得していくからである。打算的にも見えるが、私は立派な社会性の表れだと思う。生徒たちはまるで渡り鳥である。雁のような渡り鳥は一羽では到底飛べないであろう何千キロもの距離を、見事な隊列を組んで飛んでいく。その様子を見ると、いつも「あ、うちの生徒と同じだ〜」と思ってしまうのである。

「身分を背負って生きていく意識」を涵養すること

生徒たちは入校式の前日に「自衛隊生徒の服務の宣誓」をする。それぞれの区隊長はその意義について十分に時間をかけて解説し、新入生も腹をくくって署名をする。翌日の入校式には代表の宣誓文に合わせ、全員が自分の名前を叫ぶ。皆、真剣だ。しかし正直なところ、その文言を暗記したところで人格が大きく変化するはずはない。宣誓はいわば、自衛隊生徒としての完熟期を迎えるまでのスタート地点となる。

彼らは3年間の生活において、繰り返し「自衛隊生徒として」という身分を前提とした判断基準を考えされられる。2年生になれば「後輩のいる上級生として」という判断基準が加えられ、3年生になれば「本校の最上級生として」という立場を提示される。一般的な善悪の判断に加えて、自分の立場を踏まえて行動するように繰り返し仕込まれるのである。勿論、一人ひとりの行動は、大人が縄で縛って拘束することはできない。よって職員は、あらゆる機会にあらゆる角度から指導をし、彼らが自分のタイミングで成熟してくれるのを待つしかない。経験上だが、こればかりは焦ってもうまくいかない。個々の生徒の成長具合には大きな差がある。私たちは、彼らが自分で自分の立場を理解し、「自衛隊員として、初級陸曹として」という身分を背負って卒業してくれるよう、じっくりと見守りながら育てていくしかないのである。

扨、これまでに述べた高等工科学校の特色を改めて見ると、大なり小なり他の学校でも、先生方が気にされてきたようなことばかりである。しかし、最後に本校ならではの特色を述べるとすれば、それは「駐屯地の中に学校がある」ということだ。物理的に閉鎖され、守られた場所で生徒教育をしているという点だ。高等工科学校には、家庭としての生活隊舎と学校としての教室舎があり、それだけで小さな社会として成立している。住民約１４００名の村のようなものだ。平日は外出できないという不便さはあるが、駐屯地は彼らが実社会に出るまでの練習場となっている。時に「世間知らずの子が多い」と批判されることもある。

しかし見方を変えれば、純粋な気持ちを持つ善良な少年が目立つということかもしれない。学校が一学年３００人以上の15歳の少年を預かり、３年後に一人前の青年として部隊に送り出す過程において、職員の気の休まる暇はほとんどない。先ほど、本校の教育は『世界に一つだけの花』という曲に逆行しているという趣旨を述べた。しかし、その反面、生徒のOnly one にしっかりと寄り添っている部分もある。それは、メンタルヘルス教育やカウンセリング体制のことである。学校は、それらを万全にして生徒の心情に対応している。区隊長が、付陸曹が、学級担任や教科担当の教官が、クラブ職員が、カウンセリング担当の職員が、ありとあらゆる接点のある職員が、日々、生徒たちの表情をのぞき込んでいる。一人の生徒に対し、実に多くの職員が関わっているのである。生徒にとってはそれなりに厳しい教育環境を与えながらも、未だかつて自死被害がないということは、学校の成果として誇れることだ。

今回「なぜ必要か　少年工科学校の教育」というテーマを受けたものの、正直なところ本校の教育が現代の流れに即しているかどうかはわからない。自分がその組織の内側の人間であるために、客観的な判断をしにくい、というのが正直なところである。

学校はその時代に必要とされる生徒を輩出できるよう、歴代の学校長が中心となって恒常的に教育改革を行っている。しかし、今回はあえて少年工科学校時代から残る本校の普遍的で根幹的な人間教育の部分について述べた。我々はそれを「訓育」と呼び、個人としては、「子育て」に他ならない。

「教官としての遣り甲斐を感じる時は？」と聞かれることがある。その度に「生徒の成長を実感できる時です」と答える。これは、教育に携わっている人は皆同じだと考えるが、高等工科学校の生徒たちは、その遣り甲斐を十分に感じさせてくれる。ひた向きに精進してぐんぐん成長していく生徒からは、いまでも学ぶことがたくさんある。ふとした瞬間に、彼らの強さや優しさを見て感心することもある。生徒を支えるつもりで、本当は逆に支えられているのかも知れない。卒業式の日、三百人三百色の生徒たちは、達成感と感謝の気持ちを胸に学校を巣立っていく。最後に彼らが見せる涙は、毎年、まぎれもなく本物である。こうして彼らの涙に騙されながら（？）長く勤めているのかもしれない。

担当教科　英語

在任期間：平成8年4月～（現在）

資料編

□ 資料提供・陸上自衛隊高等工科学校

≪ 年表 ≫

西暦年（年度）	主要な出来事
1955年（昭和30年）	生徒制度発足（通信60名、武器60名、施設20名）
1956年（昭和31年）	3校生徒自衛隊中央式典参加
1959年（昭和34年）	生徒教育隊創隊
	3校生徒武山駐屯地に移動（通信349名、武器181名、施設166名）
	校歌（当時は隊歌）制定
1960年（昭和35年）	生徒課程教育体系改編（前期2年、後期2年制へ）
	生徒520名体制（6期～）
1961年（昭和36年）	湘南高等学校通信制と併修開始（7期～）
1962年（昭和37年）	陸上幕僚長賞授与開始
1963年（昭和38年）	少年工科学校開校（8月15日）4個教育隊6個区隊
	校旗・校風制定
1964年（昭和39年）	生徒課程教育体系改編
	（前期2年6月、中期1年4月、後期2月の3期制へ）（10期～）
1965年（昭和40年）	学校改編（6個教育隊12個区隊編成）
	生徒同窓会（桜友会）発足

1968年（昭和43年）	第12期生訓練事故　三笠宮殿下来校
1970年（昭和45年）	生徒課程教育体系改編（前期3年、中・後期1年へ）（16期〜）
1974年（昭和49年）	少年工科学校後援会発足
1975年（昭和50年）	学校改編　第2教育部設立
1976年（昭和51年）	学校改編　生徒隊（4個教育隊9個区隊）
	（学年別編成→学年混合編成）
1979年（昭和54年）	生徒250名体制（25期〜）
1982年（昭和57年）	学校改編（3個教育隊9個区隊）
1983年（昭和58年）	少年工科学校全国生徒育成会連合会発足
1988年（昭和63年）	湘南高等学校通信制3年制（34期〜）
1989年（平成元年）	学校改編（学年混合編成→学年別編成）
1994年（平成6年）	生徒前期課程の教育変化
	2個専科（機械科、電子科）への移行（38期〜）
2007年（平成19年）	湘南高等学校通信制課程の廃止
2008年（平成20年）	横浜修悠館高等学校との併修開始
2009年（平成21年）	少年工科学校から高等工科学校へ改編（平成22年3月26日）

≪ 校風 ≫

≪ 校旗 ≫

≪ 少年工科学校の昔と今 ≫

1963年（昭和38年）頃

1967年（昭和42年）頃

2005年（平成17年）頃

現 在（令和元年）

≪ 各期のアルバム ≫

第１期生

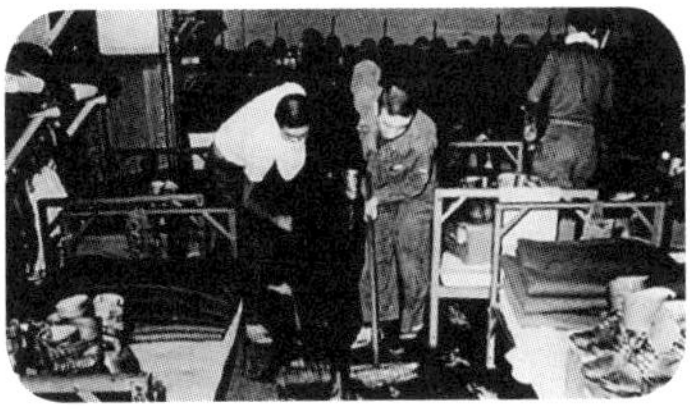

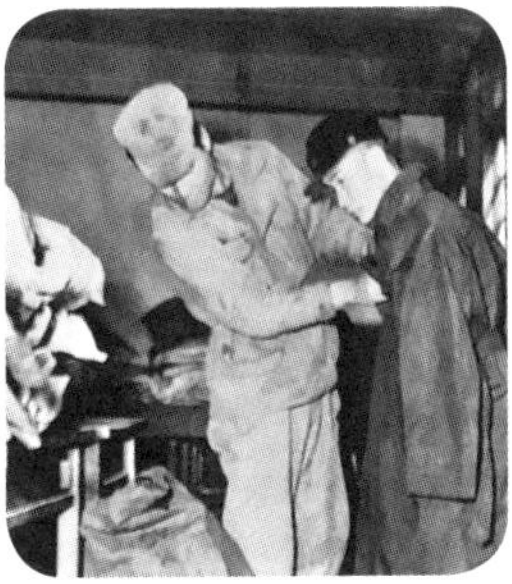

第２期生

第３期生

第４期生

第５期生

第６期生

第７期生

第８期生

第９期生

第10期生

第11期生

第12期生

第13期生

第14期生

第15期生

第16期生

第17期生

第18期生

第19期生

第20期生

第21期生

第22期生

第23期生

第24期生

第25期生

第26期生

第27期生

第28期生

第29期生

第30期生

第31期生

第32期生

第33期生

第34期生

第35期生

第36期生

第37期生

第38期生

第39期生

第40期生

第41期生

第42期生

第43期生

第44期生

第45期生

第46期生

第47期生

第48期生

第49期生

第50期生

第51期生

第52期生

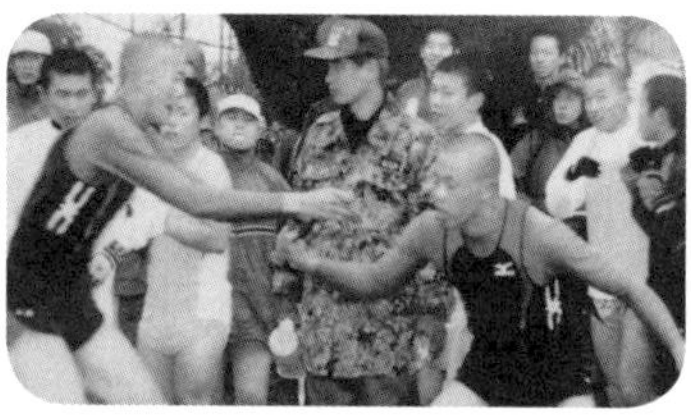

第53期生

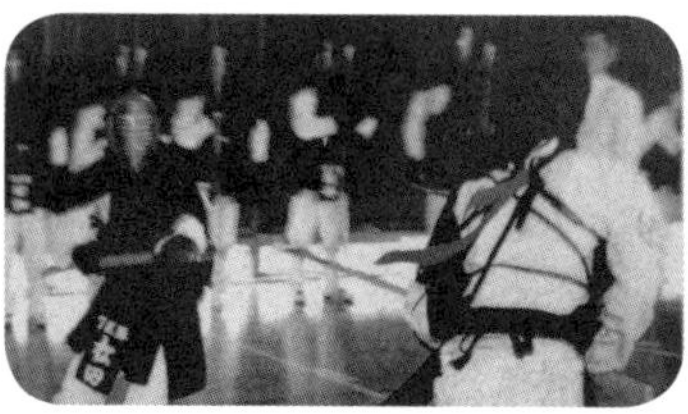

監修 **柴岡 三千夫（しばおか みちを）**

学校法人タイケン学園理事長
日本ウェルネススポーツ大学学長
日本ウェルネス高等学校校長
社会福祉法人タイケン福祉会理事長
公益財団法人日本幼少年体育協会理事長
高知県宿毛市出身、少年工科学校第13期生

日本体育大学卒業後、タイケン学園の前身であるタイケンを創立、全国に幼児体育を普及。

平成10年学校法人タイケン学園を設立し日本ウェルネススポーツ専門学校を開校。以後全国各地にスポーツ、保育、動物、医療、介護福祉、観光、貿易、言語、ホテル系等の専門学校を開校している。

平成18年から日本ウェルネス高等学校を全国各地に開校している。

平成23年社会福祉法人タイケン福祉会を設立し、ウェルネス保育園を全国各地に開園している。

平成24年日本ウェルネススポーツ大学を開学した。

著書は幼児期の運動学に関するものが多い。

なぜ必要か
少年工科学校の教育
学校法人タイケン学園編

2020年 7月1日 第1刷発行
2020年11月1日 第2刷

監　修　柴岡 三千夫

編集委員長　山形 克己

著　者（執筆順）　柴岡 三千夫　佐藤 富男　金田 隆　大堀 武　澤田 直宏　井上 武　池田 整治
渡部 博幸　六車 昌晃　園田 孝由　草野 誠　山田 孝司　佐藤 信知
佐々木 俊介　原口 和博　吉永 春雄　熊岡 弘志　杉本 嘉章　竹本 竜司
松岡 隆祐　田中 伸和　仁木 一男　畑 満秀　酒井 健　千葉 徳次郎
藤本 邦昭　梅田 将　中村 博次　牧野 雄三　角島 吉継　古澤 齊志　三原 将嗣
高橋 亨　稲村 孝司　河野 隆美　木皿 昌司　大野 朗久　関口 慶明　山﨑 良次
山上 満　佐藤 修一　和田 篤夫　浦野 重之　和久井 誠一　湯浅 征幸
木村 顕継　武田 正徳　山形 克己　市野 保己　滝澤 博文　堀江 祐一
櫻井 功輝　河野 智治　田邉 正行　平井 則行　竹田 幸浩　江澤 真希

発行者　学校法人タイケン学園

発行所　タイケン出版
〒175-0094　東京都板橋区成増1-12-19
電話 03-3938-8311　FAX 03-3938-8313

印刷・製本　株式会社ハセガワ